冶金行业职业技能鉴定培训系列教材

焊工技能培训

（技师）

主　编　张金艳　李晓霞

副主编　王冠雄　王文华　刘　新

北　京

冶金工业出版社

2018

内 容 简 介

本书是"冶金行业职业技能鉴定培训系列教材"之一，全书共分 4 章，主要内容包括压力容器焊接工艺评定、结构件焊接方案拟定与实施、焊接质量控制与检验、焊接技术培训指导。

本书可作为焊工职业技能培训和职业技能鉴定培训教材，也可供有关工程技术人员及大专院校相关专业师生参考。

图书在版编目（CIP）数据

焊工技能培训：技师/张金艳，李晓霞主编 . —北京：冶金工业出版社，2018.9

冶金行业职业技能鉴定培训系列教材

ISBN 978-7-5024-7898-8

Ⅰ.①焊… Ⅱ.①张… ②李… Ⅲ.①焊接—职业技能—鉴定—教材 Ⅳ.①TG4

中国版本图书馆 CIP 数据核字（2018）第 216565 号

出 版 人　谭学余

地　　址　北京市东城区嵩祝院北巷 39 号　邮编　100009　电话　（010）64027926

网　　址　www.cnmip.com.cn　电子信箱　yjcbs@cnmip.com.cn

策划编辑　张　卫　责任编辑　俞跃春　贾怡雯　美术编辑　彭子赫

版式设计　孙跃红　责任校对　郭惠兰　责任印制　李玉山

ISBN 978-7-5024-7898-8

冶金工业出版社出版发行；各地新华书店经销；三河市双峰印刷装订有限公司印刷

2018 年 9 月第 1 版，2018 年 9 月第 1 次印刷

787mm×1092mm　1/16；11.75 印张；283 千字；180 页

38.00 元

冶金工业出版社　投稿电话　（010）64027932　投稿信箱　tougao@cnmip.com.cn

冶金工业出版社营销中心　电话　（010）64044283　传真　（010）64027893

冶金书店　地址　北京市东四西大街 46 号（100010）　电话　（010）65289081（兼传真）

冶金工业出版社天猫旗舰店　yjgycbs.tmall.com

（本书如有印装质量问题，本社营销中心负责退换）

编 者 的 话

在中国政府倡导弘扬工匠精神、培育大国工匠、打造工匠队伍、实施制造强国战略的引领下，本系列教材从贴近一线、注重实用角度来具体落实——一分要求，九分落实。为此，本系列教材特设计了一个标志 ⑤。

本标志意在体现工匠的匠心独运，字母 G、J 分别代表"工""匠"的首字母，♥代表匠心，G 与 J 结合并配上一颗心，形象化地勾勒出工匠埋头工作的状态，同时寓意"工匠心"。有匠心才有独运，有独运才有绝伦，有绝伦才有独树一帜的技术，才有一流产品、一流的创造力。

以此希望，全社会推崇与学习这种匠心精神，并成为年轻人的价值追求！

编者
2018 年 7 月

前　言

本教材的主要特色是在职业教育实践中，重视学员自主学习和学会学习能力的培养，重视学员动手能力和综合职业能力的养成。

学习领域一体化课程是以工作页的问题为引导，配合学习材料设计而成。根据本专业的主要工作岗位，本教材依据认知发展规律和职业成长规律进行教学分析与设计，分析和归纳关键能力所对应的知识与技能，然后对知识技能进行归属性分析，按照学习内容的内在逻辑联系，排列学习领域课程顺序，确定了焊接加工专业技师层级的4个学习领域。再根据本专业主要就业岗位进行工作任务分析，确定典型工作任务，每一个典型工作任务又由若干代表性工作任务组成，学习相关专业知识的同时加入实际操作的评价与部分测试题的考核。

本教材由行业企业专家、职业教育专家、专业教师等编撰，根据焊工主要工作岗位的工作过程和生产流程，进行工作任务分析，确定代表性工作任务，构建出焊工技师学习领域课程体系。

本书由张金艳、李晓霞担任主编，王冠雄、王文华、刘新担任副主编。由于编者水平有限，书中不妥之处，敬请广大读者批评指正。

编　者
2018 年 7 月

目　录

1　压力容器焊接工艺评定 ………………………………………………… 1
　典型工作任务描述 ………………………………………………………… 1
　学习任务 1.1　金属管道焊接工艺评定 ………………………………… 2
　　1.1.1　学习目标 ………………………………………………………… 2
　　1.1.2　学习任务描述 …………………………………………………… 2
　　1.1.3　工作任务 ………………………………………………………… 2
　　1.1.4　学习材料 ………………………………………………………… 15
　学习任务 1.2　建筑钢结构焊接工艺评定 ……………………………… 18
　　1.2.1　学习目标 ………………………………………………………… 18
　　1.2.2　学习任务描述 …………………………………………………… 18
　　1.2.3　工作任务 ………………………………………………………… 19
　　1.2.4　学习材料 ………………………………………………………… 27
　学习任务 1.3　锅炉压力容器焊接工艺评定 …………………………… 32
　　1.3.1　学习目标 ………………………………………………………… 32
　　1.3.2　学习任务描述 …………………………………………………… 33
　　1.3.3　工作任务 ………………………………………………………… 33
　　1.3.4　学习材料 ………………………………………………………… 36

2　结构件焊接方案的拟定与实施 ……………………………………… 45
　典型工作任务描述 ………………………………………………………… 45
　学习任务 2.1　低温钢压力容器的焊接工艺分析与实施 ……………… 46
　　2.1.1　学习目标 ………………………………………………………… 46
　　2.1.2　任务描述 ………………………………………………………… 46
　　2.1.3　工作任务 ………………………………………………………… 46
　　2.1.4　学习材料 ………………………………………………………… 49
　学习任务 2.2　钛及钛合金的焊接技术 ………………………………… 57
　　2.2.1　学习目标 ………………………………………………………… 57
　　2.2.2　任务描述 ………………………………………………………… 57
　　2.2.3　工作任务 ………………………………………………………… 58
　　2.2.4　学习材料 ………………………………………………………… 62
　学习任务 2.3　球罐焊接方案的拟定与实施 …………………………… 71
　　2.3.1　学习目标 ………………………………………………………… 71
　　2.3.2　任务描述 ………………………………………………………… 71

2.3.3　工作任务 ……………………………………………………… 71

2.3.4　学习材料 ……………………………………………………… 75

3　焊接质量控制与检验 ………………………………………………… 84

典型工作任务描述 …………………………………………………… 84

学习任务 3.1　焊接质量控制 ……………………………………… 85

3.1.1　学习目标 ……………………………………………………… 85

3.1.2　任务描述 ……………………………………………………… 85

3.1.3　工作任务 ……………………………………………………… 85

3.1.4　学习材料 ……………………………………………………… 88

学习任务 3.2　结构失效分析及强度计算 ………………………… 105

3.2.1　学习目标 ……………………………………………………… 105

3.2.2　任务描述 ……………………………………………………… 105

3.2.3　工作任务 ……………………………………………………… 105

3.2.4　学习材料 ……………………………………………………… 108

学习任务 3.3　焊缝无损检测 ……………………………………… 124

3.3.1　学习目标 ……………………………………………………… 124

3.3.2　任务描述 ……………………………………………………… 125

3.3.3　工作任务 ……………………………………………………… 125

3.3.4　学习材料 ……………………………………………………… 129

4　焊接技术培训指导 …………………………………………………… 158

典型工作任务描述 …………………………………………………… 158

学习任务 4.1　特种作业人员（焊工）培训与考核 ……………… 159

4.1.1　学习目标 ……………………………………………………… 159

4.1.2　任务描述 ……………………………………………………… 159

4.1.3　工作任务 ……………………………………………………… 159

4.1.4　学习材料 ……………………………………………………… 162

学习任务 4.2　中级焊工培训与考核 ……………………………… 166

4.2.1　学习目标 ……………………………………………………… 166

4.2.2　任务描述 ……………………………………………………… 166

4.2.3　工作任务 ……………………………………………………… 166

4.2.4　学习材料 ……………………………………………………… 169

学习任务 4.3　高级焊工培训与考核 ……………………………… 172

4.3.1　学习目标 ……………………………………………………… 172

4.3.2　任务描述 ……………………………………………………… 172

4.3.3　工作任务 ……………………………………………………… 172

4.3.4　学习材料 ……………………………………………………… 175

1　压力容器焊接工艺评定

典型工作任务描述

典型工作任务名称	压力容器焊接工艺评定	适用级别：技师
典型工作任务描述		

在压力容器焊接产品制造过程中，产品的焊接工艺是否合理、先进，关系到产品的质量。通过金属焊接性试验或根据有关焊接性能的技术资料，可以制定产品的焊接工艺，然而，这样制定的焊接工艺不能直接用于焊接施工。为了确保产品的质量，在正式焊接施工之前，还必须进行焊接工艺评定。对于已经评定合格并在生产中应用得很成熟的工艺，若因某种原因需要改变一个或一个以上的焊接工艺参数，也需要重新进行焊接工艺评定

| 工作对象：
（1）查询相关标准；
（2）产品质量要求；
（3）焊工职业资格审查；
（4）工艺评定；
（5）作业环境检查；
（6）工艺分析；
（7）选材、备料、焊接、检验；
（8）焊后处理（热处理、矫正）；
（9）焊接检验；
（10）质量记录及标记 | 工具、材料、设备与材料：
（1）图纸及相关资料；
（2）工装设备；
（3）工、量、卡具；
（4）工艺卡片；
（5）国家标准、行业标准；
（6）切割设备、机加工设备；
（7）操作规程；
（8）焊接设备；
（9）力学性能检验设备；
（10）探伤设备等。
工作方法：
（1）小组讨论；
（2）焊接检验；
（3）组长负责制；
（4）评价反馈 | 工作要求：
（1）遵守安全操作规程；
（2）满足合同要求；
（3）根据工时要求完成；
（4）施工考虑合理性；
（5）团队协作精神；
（6）穿戴好劳动保护；
（7）安全文明生产；
（8）质量达到相关标准。
劳动组织方式：
（1）与相关人员配合；
（2）材料供应与保管合作；
（3）组长分配任务；
（4）质检体系；
（5）安全员督察安全工作；
（6）技术文件及工具管理员 |
| 职业能力要求 | | |

（1）明确焊接工艺评定概念、目的和意义；
（2）熟悉焊接工艺评定的适用范围与流程；
（3）明确焊接工艺评定标准，并会选择及使用；
（4）能够按要求拟定焊接工艺指导书准备进行焊接工艺评定；
（5）对已完成的压力容器模拟件进行焊接工艺评定和学习评价

代表性工作任务		
任务名称	任务描述	工作时间
学习任务 1.1 金属管道焊接工艺评定	在焊接产品制造过程中，产品的焊接工艺是否合理、先进，关系到产品的质量。通过金属焊接性试验或根据有关焊接性能的技术资料，可以制定产品的焊接工艺，然而，这样制定的焊接工艺不能直接用于焊接施工。为了确保产品的质量，在正式焊接施工之前，还必须进行焊接工艺评定。不仅如此，对于已经评定合格并在生产中应用得很成熟的工艺，若因某种原因需要改变一个或一个以上的焊接工艺参数，也需要重新进行焊接工艺评定	20 学时
学习任务 1.2 建筑钢结构焊接工艺评定	建筑钢结构焊接接头由母材和焊接接头构成的，焊接接头的使用性能从根本上决定了建筑钢结构的质量。焊接工艺能否保证结构焊接工艺正确性的判断准则，焊接工艺评定过程是按照所拟定的焊接工艺（指导书）根据标准的规定焊接试件和制取试样、检验试样，测定焊接接头是否具有要求的使用性能，经焊接工艺评定后应提出"焊接工艺评定报告"用以证明所拟定的焊接工艺的正确性	20 学时
学习任务 1.3 锅炉压力容器焊接工艺评定	由于压力容器焊接工艺评定标准的专业性与实践性都非常强，真正认识与理解焊接工艺评定标准也绝非易事，需要认真学习相关性专业知识和进行焊接工艺评定实践。本任务拟从焊接工艺评定标准原理，焊接、压力容器等相关知识，焊接工艺评定实践以及压力容器法规等多方面进行学习与实践	20 学时

学习任务 1.1　金属管道焊接工艺评定

1.1.1　学习目标

（1）明确焊接工艺评定概念、目的和意义。
（2）熟悉焊接工艺评定的适用范围与流程。
（3）明确焊接工艺评定标准，并会选择及使用。
（4）能够按要求拟定焊接工艺指导书准备进行焊接工艺评定。
（5）对已完成的模拟件进行焊接工艺评定和学习评价。
（6）工作实施过程中自觉遵守安全操作、文明生产要求。

1.1.2　学习任务描述

在焊接产品制造过程中，产品的焊接工艺是否合理、先进，关系到产品的质量。通过金属焊接性试验或根据有关焊接性能的技术资料，可以制定产品的焊接工艺，然而，这样制定的焊接工艺不能直接用于焊接施工。为了确保产品的质量，在正式焊接施工之前，还必须进行焊接工艺评定。不仅如此，对于已经评定合格并在生产中应用得很成熟的工艺，若因某种原因需要改变一个或一个以上的焊接工艺参数，也需要重新进行焊接工艺评定。

1.1.3　工作任务

金属管道焊接如图 1-1-1 所示。

图 1-1-1　金属管道焊接

1.1.3.1　准备

（1）什么是焊接工艺评定？
（2）简述焊接工艺评定的目的。
（3）简述焊接工艺评定的意义。

1.1.3.2　计划

（1）明确压力容器焊接工艺评定试验的要求。
（2）写出焊接工艺评定试验的步骤。

（3）写出焊接工艺评定的一般程序。

1.1.3.3　决策

（1）确定焊接工艺评定的适用范围。
（2）确定焊接工艺评定的流程。

1.1.3.4　实施

（1）写出焊接工艺评定的过程并提出一个焊接工艺评定的项目。
（2）明确焊接工艺评定的标准并草拟焊接工艺方案。

1.1.3.5　检查

按照草拟的工艺方案尝试一下，通过工艺评定验证其合理性。

1.1.3.6　评价（70分）

（1）根据自己的实际情况，正确使用检验检测设备、工具进行焊接工艺评定分析与质量检验（自己根据实际情况填写表 1-1-1）。

表 1-1-1　焊接工艺评定分析与质量检验

焊件规格					试件材质				
检查结果									
检查项目		焊接工艺评定焊缝							
焊缝高度	正面								
	背面								
焊脚高度									
焊缝宽度	坡口宽度								
	焊缝宽度								
变形角度									
焊件错边量									
咬边	深度								
	总长度								
未焊透	深度								
	总长度								
表面凸凹	正面								
	背面								
气孔									
通球试验									

（2）完成一项工艺评定，填写表 1-1-2~表 1-1-6。

表 1-1-2　焊接工艺评定委托书

<table>
<tr><td rowspan="4">焊接工艺评定委托书</td><td>工 程 名 称</td><td></td></tr>
<tr><td>委 托 书 号</td><td></td></tr>
<tr><td>工艺评定报告编号</td><td></td></tr>
<tr><td>日　　　期</td><td></td></tr>
</table>

<table>
<tr><td>材质</td><td></td><td>规格</td><td></td><td rowspan="3">焊材及规格</td><td>焊条焊丝</td><td></td></tr>
<tr><td>焊接方法</td><td colspan="3">手工焊</td><td rowspan="2">焊剂
保护气体</td><td></td></tr>
<tr><td>焊接位置</td><td colspan="3">水平固定</td><td></td></tr>
</table>

<table>
<tr><td rowspan="7">坡口形式及尺寸</td><td rowspan="7"></td><td rowspan="7">设计技术特性</td><td colspan="2">设备管道类别</td></tr>
<tr><td>设计压力</td><td></td></tr>
<tr><td>设计温度</td><td></td></tr>
<tr><td>工作介质</td><td></td></tr>
<tr><td>无损检验</td><td></td></tr>
<tr><td>其　他</td><td></td></tr>
</table>

力 学 性 能 及 要 求

<table>
<tr><td rowspan="2">拉力</td><td>项目</td><td>要求</td><td>检验标准</td><td>项目</td><td>要求</td><td>检验标准</td></tr>
<tr><td>屈服强度</td><td></td><td></td><td rowspan="3">硬质</td><td>HB</td><td></td><td></td></tr>
<tr><td>抗拉强度</td><td></td><td></td><td>HRC</td><td></td><td></td></tr>
<tr><td rowspan="3">弯曲</td><td>面　弯</td><td></td><td></td><td>HV</td><td></td><td></td></tr>
<tr><td>背　弯</td><td></td><td></td><td rowspan="2">腐蚀</td><td rowspan="2">A、B、C、
D、E、T</td><td></td><td></td></tr>
<tr><td>侧　弯</td><td></td><td></td><td></td><td></td></tr>
<tr><td rowspan="4">冲击</td><td>试验温度</td><td></td><td></td><td rowspan="2">金相</td><td>宏　观</td><td></td><td></td></tr>
<tr><td>焊　缝</td><td></td><td></td><td>微　观</td><td></td><td></td></tr>
<tr><td>20G 热影响区</td><td></td><td></td><td rowspan="2">其他</td><td rowspan="2">刻槽锤断</td><td></td><td></td></tr>
<tr><td>WC6 热影响区</td><td></td><td></td><td></td><td></td></tr>
</table>

<table>
<tr><td rowspan="4">热规范</td><td colspan="2">焊前预热</td><td colspan="2">层间温控</td><td colspan="2">焊后热处理</td></tr>
<tr><td>预热温度</td><td></td><td>层间温度</td><td></td><td>热处理温度</td><td></td></tr>
<tr><td>预热方法</td><td></td><td>测温方法</td><td></td><td>保温时间</td><td></td></tr>
<tr><td>测温方法</td><td></td><td>控温方法</td><td></td><td>升、降温速度</td><td></td></tr>
</table>

<table>
<tr><td rowspan="2">原材料</td><td colspan="2">母材质量证明及数据</td><td colspan="2">材质单（见附件）</td></tr>
<tr><td colspan="2">焊材质量证明及数据</td><td colspan="2">材质单（见附件）</td></tr>
</table>

批准：	审核：	编制：

表 1-1-3　焊接工艺评定指导书

焊 接 工 艺 评 定 指 导 书	工程名称	
	工艺评定报告编号	
	日　期	

焊接方法＿＿＿＿＿＿　　机械化程度＿＿＿＿＿＿＿＿

母材：
钢号＿＿＿＿与钢号＿＿＿＿焊接
类别号＿＿＿＿与类别号＿＿＿＿焊接
厚度＿＿＿＿＿＿＿＿＿＿
直径＿＿＿＿＿＿＿＿＿＿

焊接位置：
对焊接缝位置＿＿＿＿＿＿＿＿＿
角焊缝位置＿＿＿＿＿＿＿＿＿＿
清根：＿＿＿＿＿＿＿＿＿＿＿＿
清根方法：＿＿＿＿＿＿＿＿＿＿

焊接材料＿＿＿＿＿＿＿＿＿＿＿＿＿
焊条型号、规格＿＿＿＿＿＿＿＿＿＿＿
焊丝牌号、规格＿＿＿＿＿＿＿＿＿＿＿
焊剂牌号＿＿＿＿＿＿＿＿＿＿＿＿＿＿
保护气体种类＿＿＿＿＿＿＿＿＿＿＿＿
混合气体成分＿＿＿＿＿＿＿＿＿＿＿＿
钨极种类、规格＿＿＿＿＿＿＿＿＿＿＿
焊材烘干＿＿＿＿＿＿＿＿＿＿＿＿＿＿

预热/后热＿＿＿＿＿＿＿＿＿＿
预热温度＿＿＿＿＿＿＿＿＿＿
加热方法＿＿＿＿＿＿＿＿＿＿
测温方法＿＿＿＿＿＿＿＿＿＿
层间温度＿＿＿＿＿＿＿＿＿＿

焊后热处理：
热处理温度＿＿＿＿＿＿＿＿＿
恒温时间＿＿＿＿＿＿＿＿＿＿
升温时间＿＿＿＿＿＿＿＿＿＿
降温速度＿＿＿＿＿＿＿＿＿＿
冷却方式＿＿＿＿＿＿＿＿＿＿

焊　材	烘干温度/℃	保温时间

焊接工艺适用范围：
厚度＿＿＿＿＿＿＿＿＿＿＿＿＿＿
直径＿＿＿＿＿＿＿＿＿＿＿＿＿＿
其他＿＿＿＿＿＿＿＿＿＿＿＿＿＿

电特性：
电源种类＿＿＿＿＿＿＿＿＿＿＿
极性＿＿＿＿＿＿＿＿＿＿＿＿＿
焊接设备：

焊接接头：用简图画出坡口形式、尺寸、焊缝层次和焊接顺序。

焊　接　工　艺　参　数

层数	焊接方法	焊条或焊丝牌号	规格/mm	保护气体或焊剂	流量/L·min^{-1}	电流/A	电压/V	焊接速度/mm·min^{-1}	线能量/kJ·cm^{-1}

送丝速度＿＿＿＿＿＿＿＿＿＿＿＿＿＿＿＿＿

单丝或多丝＿＿＿＿＿＿＿＿＿＿＿＿＿＿＿＿

导电嘴与工件的距离＿＿＿＿＿＿＿＿＿＿＿

喷嘴尺寸＿＿＿＿＿＿＿＿＿＿＿＿＿＿＿＿＿

喷嘴与工件的角度＿＿＿＿＿＿＿＿＿＿＿＿＿

摆动与否＿＿＿＿＿＿＿＿＿＿＿＿＿＿＿＿＿

其他操作技术＿＿＿＿＿＿＿＿＿＿＿＿＿＿＿

批准：　　　审核：　　　　　　核对：　　　　　　　编制：

表 1-1-4　焊接试验记录

焊 接 试 验 记 录	工 程 名 称	
	工艺评定报告编号	
	日　　期	

焊接方法＿＿＿＿＿＿＿＿＿＿＿＿　　机械化程度＿＿＿＿＿＿＿＿＿＿＿＿

母材：
钢号＿＿＿＿与钢号＿＿＿焊接
类别号＿＿＿＿＿与类别号＿＿＿＿焊接
厚度＿＿＿＿＿＿＿＿＿＿＿＿＿
直径＿＿＿＿＿＿＿＿＿＿

焊接位置：
对焊接缝位置＿＿＿＿＿＿＿＿＿＿＿＿
角焊缝位置＿＿＿＿＿＿＿＿＿＿＿＿
清根：
清根方法＿＿＿＿＿＿＿＿＿＿＿

焊接材料＿＿＿＿＿＿＿＿＿＿＿＿＿＿
焊条型号、规格＿＿＿＿＿＿＿＿＿＿＿
焊丝牌号、规格＿＿＿＿＿＿＿＿＿＿＿
焊剂牌号＿＿＿＿＿＿＿＿＿＿＿＿
保护气体种类＿＿＿＿＿＿＿＿＿＿＿
混合气体成分＿＿＿＿＿＿＿＿＿＿＿
钨极种类、规格＿＿＿＿＿＿＿＿＿＿
焊材烘干：

预热/后热＿＿＿＿＿＿＿＿＿＿＿＿＿
预热温度＿＿＿＿＿＿＿＿＿＿＿＿＿
加热方法＿＿＿＿＿＿＿＿＿＿＿＿＿
测温方法＿＿＿＿＿＿＿＿＿＿＿＿＿
层间温度＿＿＿＿＿＿＿＿＿＿＿＿＿

焊后热处理：
热处理温度＿＿＿＿＿＿＿＿＿＿＿＿
恒温时间＿＿＿＿＿＿＿＿＿＿＿＿＿
升温时间＿＿＿＿＿＿＿＿＿＿＿＿＿
降温速度＿＿＿＿＿＿＿＿＿＿＿＿＿
冷却方式＿＿＿＿＿＿＿＿＿＿＿＿＿

焊　材	烘干温度/℃	保温时间

电特性：
电源种类；＿＿＿＿＿＿＿＿＿＿＿＿
极　性：＿＿＿＿＿＿＿＿＿＿＿＿＿
焊接设备：

焊接接头：用简图画出坡口形式、尺寸、焊缝层次和焊接顺序。

焊 接 工 艺 参 数

层数	焊接方法	焊条或焊丝牌号	规格/mm	保护气体或焊剂	流量/L·min⁻¹	电流/A	电压/V	焊接速度/mm·min⁻¹	线能量/kJ·cm⁻¹
1									
2									
3									

送丝速度_____

单丝或多丝_____

导电嘴与工件的距离_____

喷嘴尺寸_____

喷嘴与工件的角度_____

摆动与否_____

其他操作技术_____

批准：　　　　　审核：　　　　　核对：　　　　　编制：

表 1-1-5　焊接工艺评定报告

焊 接 试 验 记 录	工艺评定报告编号	
	工艺评定委托书编号	
	日　期	

一、焊接试验焊接方法＿＿＿＿＿＿＿＿＿

母材：
钢号＿＿＿＿＿＿与钢号＿＿＿＿＿＿焊接
类别号＿＿＿＿＿与类别号＿＿＿＿＿焊接
厚度＿＿＿＿＿直径＿＿＿＿＿＿
质量证明书号＿＿＿＿＿＿＿＿＿＿
化学成分：

焊接位置：
对焊接缝位置＿＿＿＿＿＿
角焊缝位置＿＿＿＿＿＿＿＿

（％）

	C	Si	Mn	P	S	Cr	Mo
标准值							
复验值							

预热/后热＿＿＿＿＿＿＿＿
预热温度＿＿＿＿＿＿＿＿
加热方法＿＿＿＿＿＿＿＿
测温方法＿＿＿＿＿＿＿＿
层间温度＿＿＿＿＿＿＿＿

力学性能

项目	σ_s /MPa	σ_b /MPa	δ /%	A_k /J
标准值				
复验值				

焊后热处理：
热处理温度＿＿＿＿＿＿＿＿
恒温时间＿＿＿＿＿＿＿＿
升温时间＿＿＿＿＿＿＿＿
降温速度＿＿＿＿＿＿＿＿
冷却方式＿＿＿＿＿＿＿＿

焊接材料＿＿＿＿＿＿＿＿＿＿＿＿＿
焊条型号、规格＿＿＿＿＿＿＿＿＿＿＿
焊丝牌号、规格＿＿＿＿＿＿＿＿＿＿＿
焊剂牌号＿＿＿＿＿＿＿＿＿＿＿＿＿
保护气体种类＿＿＿＿＿＿＿＿＿＿＿
混合气体成分＿＿＿＿＿＿＿＿＿＿＿
钨极种类、规格＿＿＿＿＿＿＿＿＿

电特性：
电源种类＿＿＿＿＿＿＿＿
极性＿＿＿＿＿＿＿＿＿＿

清根：清根方法＿＿＿＿＿＿＿

焊接接头：用简图画出坡口形式、尺寸、焊缝层次和焊接顺序。

焊 接 工 艺 参 数

层数	焊接方法	焊条或焊丝牌号	规格/mm	保护气体或焊剂	流量/L·min⁻¹	电流/A	电压/V	焊接速度/mm·min⁻¹	线能量/kJ·cm⁻¹
1									
2									
3									

二、检验部分　　　　　　　外 观 检 验　　　　　　日期　　年 月 日

检验人：

无 损 检 验

检验项目	合格标准	检验结果	报告单号	备 注
X 射线				

三、试验部分

拉 伸 试 验

试样形式	编号	尺寸/ mm×mm	面积	L_0	屈服强度/		抗拉强度/		δ /%	Ψ /%	断裂位置
					N	N·mm^{-2}	N	N·mm^{-2}			

合格标准	
试验报告单号	评价

弯 曲 试 验

试样形式	编号	试件厚度/mm	弯轴直径/mm	L_0	δ/%	a_0	结果

合格标准	
试验报告单号	评价	合格

冲 击 试 验

试验位置	缺口类型	尺寸	缺口方位	试验温度	冲击功/J	备注

试验报告单号	

硬　度　试　验

编号	试　验　部　位	取样数量	硬　度　值

合　格　标　准			
试验报告单号		评　价	

角焊缝宏观断面试验：

　　焊缝熔透性_____

　　焊接缺陷_____

　　检验结果_____

金相试验：

　　宏观_____

　　微观_____

其他试验：

　　试验项目_____

　　试验标准_____

　　试验结果_____

四、评定结果

焊工姓名：　　　　　　钢印号：　　　　　资格：　　　　　级别：

批准：　　　　　　　　审核：　　　　　　校对：　　　　　编制：

附件

1.1.3.7　题库（30分）

（1）填空题（每题1分，共10分）。

1）国家对焊工考试一直非常重视，相继颁布了有关焊工考试的具体内容和规定，其中有（　　）《钢熔化焊手焊工资格考试方法》。

2）冷弯角度越大，则钢的（　　）越好。

3）镍及镍合金焊接时，其坡口角度及根部（　　）不宜太小。

4）采用熔化极氩弧焊焊接中厚板时，其根部焊道应采用（　　）进行焊接。

5）提高T形和十字接头疲劳强度的根本措施是（　　）焊接。

6）通过对焊接产品进行全面的质量检验，可以及时发现焊接产品中存在的（　　）。

7）根据GB 3323—87《钢熔化对接接头射线探伤照相和质量分级》的规定（　　）质量最好。

8）工时定额是在一定生产条件下为完成某一项工作所必须消耗的（　　）。

9）在选写论文时，要分清技术类别，即（　　）要准确。

10）尽量降低（　　）是安排堆焊工艺的重要出发点。

（2）选择题（每题1分，共10分）。

1）表示原子在晶体中排列规律的空间格架称为（　　）。
　　A 晶胞　　　　　　B 晶粒　　　　　　　C 晶格　　　　　　D 晶体

2）在下列物质中，（　　）是非晶体。
　　A 玻璃　　　　　　B 食盐　　　　　　　C 水　　　　　　　D 铜

3）下列力学性能符号中（　　）表示冲击韧度。
　　A σ_s　　　　　　B α_k　　　　　　C δ　　　　　　D σ_b

4）下列力学性能符号中（　　）表示对称交变载荷时的疲劳强度。
　　A σ_0　　　　　　B σ_s　　　　　　C σ_{-1}　　　　　D $\sigma_{0.2}$

5）对钢材来说，一般认为试件经过（　　）次循环而不破坏的最大应力，就可作为疲劳极限。
　　A 10^5　　　　　　B 10^6　　　　　　C 10^7　　　　　D 10^8

6）Fe-Fe$_3$C平衡状态图是表示在（　　）加热（或冷却）条件下，铁碳合金的成分、温度与组织之间关系的简明图解。
　　A 快速　　　　　　B 较快　　　　　　　C 缓慢　　　　　　D 较慢

7）下列金属中，（　　）具有面心立方晶格。
　　A 铬　　　　　　　B 钨　　　　　　　　C 铝　　　　　　　D 钒

8）焊后高温回火的主要目的是（　　）。
　　A 消除应力　　　B 减小变形　　　　C 细化晶粒　　　　D 提高塑性

9）控制复杂结构件焊接变形的焊后热处理方法是（　　）。
　　A 后热　　　　　B 退火或高温回火　C 正火　　　　　　D 调质

10）下列不属于常用焊接工装夹具的是（　　）。

　　　　A　定位器　　　　B　夹紧工具　　　　C　拉紧和推撑夹具　D　焊接回转台

（3）判断题（每题 1 分，共 10 分）。

1）通常剖视图是机件剖切后的可见轮廓的投影。（　　）

2）变压器能改变直流电压的大小。（　　）

3）在并联电路中，并联电阻越多，其总电阻越小。（　　）

4）变压器是利用电磁感应原理制成的电器设备。（　　）

5）串联电阻电路上电压的分配与各电阻的大小成反比。（　　）

6）改变热处理类别需重新进行工艺评定。（　　）

7）焊接工艺评定除验证所拟定的焊接工艺的正确性外，并不起考核焊工操作技能的作用。（　　）

8）焊接工艺规程是制造焊件所有有关加工方法和实施要求的细则文件。（　　）

9）焊接工艺规程是组织和管理焊接生产的基础依据。（　　）

10）技术措施就是解决问题的工艺内容。（　　）

1.1.4　学习材料

1.1.4.1　准备：焊接工艺评定基本知识

A　概念

焊接工艺评定（Welding Procedure Qualification，WPQ）是为验证所拟定的焊件焊接工艺的正确性而进行的试验过程及结果评价。是指为使焊接接头的力学性能、弯曲性能或堆焊层的化学成分符合规定，对预焊接工艺规程进行验证性试验和结果评价的过程。

预焊接工艺规程（pWPS）：为进行焊接工艺评定所拟定的焊接工艺文件。

焊接工艺评定报告（PQR）：记载验证性试验及其检验结果，对拟定的预焊接工艺规程（pWPS）进行评价的报告。

焊接工艺规程（WPS）：根据合格的焊接工艺评定报告编制的，用于产品施焊的焊接工艺文件。

焊接作业指导书（WWI）：与制造焊件有关的加工和操作细则性作业文件。焊工施焊时使用的作业指导书，可保证施工时质量的再现性。

B　焊接工艺评定的目的

（1）评定施焊单位是否有能力焊出符合相关国家标准或行业标准、技术规范所要求的焊接接头。

（2）验证施焊单位所拟订的焊接工艺规程（WPS 或 pWPS）是否正确。

（3）为制定正式的焊接工艺指导书或焊接工艺卡提供可靠的技术依据。

C　焊接工艺评定的意义。

以图 1-1-2 所示的管道对接为例，焊接工艺是保证焊接质量的重要措施，它能确

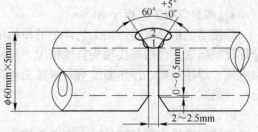

图 1-1-2　管道对接

认为各种焊接接头编制的焊接工艺指导书的正确性和合理性。通过焊接工艺评定，检验按拟订的焊接工艺指导书焊制的焊接接头的使用性能是否符合设计要求，并为正式制定焊接工艺指导书或焊接工艺卡提供可靠的依据。

1.1.4.2　计划

A　压力容器焊接工艺评定试验的要求

压力容器产品施焊前，焊接和返修焊接，都应进行焊接工艺评定试验，或具有经过评定合格的焊接工艺规程（WPS）支持；压力容器的焊接工艺评定试验，应当符合 JB 4708《钢制压力容器的焊接工艺评定》的要求；压力容器的焊接工艺评定试验的过程，由监检人员进行监督；焊接工艺评定试验完成后，焊接工艺评定试验报告（PQR）和焊接工艺规程（WPS）由制造单位焊接责任工程师审核，技术负责人批准，经监检人员签字确认；焊接工艺评定试验报告长期保存，至失效为止。

B　焊接工艺评定试验的步骤

如图 1-1-3 所示，焊接工艺评定，以及随后的焊工培训和生产工艺实施步骤，主要有以下几个主要环节：

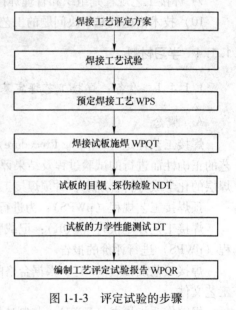

制作企业根据所承担产品结构的设计节点形式、钢材类型、规格、采用的焊接方法、焊接位置等，制定焊接工艺评定方案。必要时进行焊接工艺性预试验；拟定相应的预定焊接工艺（pWPS），或者说是工艺评定试验指导书（计划）；按规程标准的规定要求，工艺评定试验指导书内容，在监督人员监督下，施焊试件，进行焊接工艺评定试验（WPQT）；对试板焊接进行外观检验、无损探伤；切取加工试样，由监督部门认证资质的检测单位，在监督人员到场监督下，进行检测、试验；将检验、检测、试验结果汇总，编制报告（WPQR）；

根据焊接工艺评定试验报告，编制焊接工艺规程（WPS）；并上报批准；

图 1-1-3　评定试验的步骤

按照批准确定的焊接工艺规程（WPS），进行焊工考试取证；按照批准确定的焊接工艺规程（WPS），实施焊接生产。

C　焊接工艺评定的一般程序

a　编制焊接工艺指导书

焊接工艺指导书是焊接工艺评定的原始依据和评定对象，应将待评定的焊接工艺内容全部反映出来。包括焊接接头自然情况、母材种类、焊接方法、焊接材料、焊接电流、焊接电压、焊接速度、预热温度等。焊接工艺指导书通常采用标准中推荐的格式，也可以自己设计格式。

b　施焊条件

按照标准规定准备试件；由本单位技能熟练的焊接人员使用本单位的焊接设备焊接试件；采用的焊接工艺条件应严格遵守焊接工艺指导书。

c 理化实验

按照有关标准确定试验项目；按照有关标准制备各种性能试样；按照有关标准进行各种性能试验；填写各个试验项目的试验报告。

d 编制焊接工艺评定报告

焊接工艺评定报告是对焊接工艺评定试验的全面总结，因此应对各项试验的试验结果进行汇总，同时给出最后的结论。焊接工艺评定报告的作用：作为制定焊接工艺规程的依据，具有指导作用。焊接工艺评定报告通常采用标准中推荐的格式。

焊接位置代号：

1G——平焊（板）、水平转动（管）；

2G——横焊（板）、垂直固定（管）；

3G——立焊（板）；

4G——仰焊（板）；

5G——水平固定（管向上焊、向下焊）；

6G——45°固定（管向上焊、向下焊）。

1.1.4.3 决策

A 焊接工艺评定的适用范围

（1）适用于锅炉、压力容器、压力管道、桥梁、船舶、航天器、核能以及承重钢结构等钢制设备的制造、安装、检修工作。

（2）适用于气焊、焊条电弧焊、钨极氩弧焊、熔化极气体保护焊、埋弧焊、等离子弧焊、电渣焊等焊接方法。

B 焊接工艺评定的流程

（1）焊接工艺评定；

（2）提出焊接工艺评定的项目；

（3）草拟焊接工艺方案；

（4）焊接工艺评定试验；

（5）编制焊接工艺评定报告；

（6）编制焊接工艺规程（工艺卡、工艺过程卡、作业指导书）。

1.1.4.4 实施

A 焊接工艺评定的过程

（1）拟定预备焊接工艺指导书；

（2）施焊试件和制取试样；

（3）检验试件和试样；

（4）测定焊接接头是否满足标准所要求的使用性能；

（5）提出焊接工艺评定报告对拟定的焊接工艺指导书进行评定。

B 焊接工艺评定的标准

a 国内标准

NB/T 47014—2011《承压设备用焊接工艺评定》；

GB 50236—98《现场设备、工业管道焊接工程施工及压力管道工艺评定》；

TSG G0001—2012《蒸汽锅炉安全技术监察规程》（起重行业工艺评定借用此标准）；

SY/T 0452—2002《石油输气管道焊接工艺评定方法》（供石油，化工工艺评定）；

JGJ 81—2002《建筑钢结构焊接技术规程》（公路桥梁工艺评定可参照执行）；

SY/T 4103—2006《钢质管道焊接及验收》。

b 欧洲标准

EN 288 或 ISO 15607—ISO 15614 系列标准；

ISO 15614—1 钢的电弧焊和气焊/镍和镍合金的电弧焊；

ISO 15614—2 铝和铝合金的电弧焊；

ISO 15614—3 铸铁电弧；

ISO 15614—4 铸铝的修补焊；

ISO 15614—5 钛和钛合金的电弧焊/锆和锆合金的电弧焊；

ISO 15614—6 铜和铜合金的电弧焊；

ISO 15614—7 堆焊；

ISO 15614—8 管接头和管板接头的焊接。

c 美国标准

D1.1/D1.1M：2005 钢结构焊接规程；

D1.2/D1.2M：2003 铝结构焊接规程；

D1.3-98 薄板钢结构焊接规程；

D1.5/D1.5M：2002 桥梁焊接；

D1.6：1999 不锈钢焊接；

D14.3/D14.3M：2005 起重机械焊接规程。

焊接工艺评定
报告示例

1.1.4.5　检查

对照附"石油天然气金属管道焊接工艺评定"验证其合理性，扫描二维码获得该表。

学习任务 1.2　建筑钢结构焊接工艺评定

1.2.1　学习目标

（1）明确建筑钢结构焊接行业标准，并会使用。

（2）能够按要求拟定焊接工艺指导书。

（3）了解建筑钢结构件主要接头形式。

（4）对已完成的模拟件进行焊接工艺评定和学习评价。

（5）工作实施过程中自觉遵守安全操作、文明生产要求。

1.2.2　学习任务描述

建筑钢结构焊接接头由母材和焊接接头构成的，焊接接头的使用性能从根本上决定了建筑钢结构的质量。焊接工艺能否保证结构焊接工艺正确性的判断准则，焊接工艺评定过程是按照所拟定的焊接工艺（指导书）根据标准的规定焊接试件和制取试样、检验试样，测定焊接接头是否具有要求的使用性能，经焊接工艺评定后应提出"焊接工艺评定报告"用以证明所拟定的焊接工艺的正确性。

1.2.3　工作任务

建筑钢结构如图 1-2-1 所示。

图 1-2-1　建筑钢结构

1.2.3.1　准备

（1）建筑钢结构焊接工艺评定的范围和原则是什么？

（2）建筑钢结构焊接工艺评定的项目有哪些？

（3）对建筑钢结构焊接工艺评定争议如何认识。

1.2.3.2　计划

（1）简化减少工艺评定数量的条件有哪些？

（2）对接接头可替代角接接头的工艺评定是怎样的？

（3）焊接缺陷对焊接工艺评定及焊接接头的影响有哪些？

1.2.3.3　决策

（1）确定焊接工艺评定与焊工考试。

（2）确定焊接工艺评定方法与焊接工艺规程。

1.2.3.4　实施

（1）进行螺柱焊的焊接工艺评定。

（2）进行建筑钢结构焊接工艺评定的验收。

（3）总结建筑钢结构焊接工艺评定注意事项并填写"建筑钢结构焊接工艺评定报告"中的表 1-2-1~表 1-2-5。

建筑钢结构焊接工艺评定报告

编　　号：＿＿＿＿＿＿＿＿＿＿＿＿＿＿＿＿

编　　制：＿＿＿＿＿＿＿＿＿＿＿＿＿＿＿＿

焊接责任

技术人员：＿＿＿＿＿＿＿＿＿＿＿＿＿＿＿＿

批　　准：＿＿＿＿＿＿＿＿＿＿＿＿＿＿＿＿

单　　位：＿＿＿＿＿＿＿＿＿＿＿＿＿＿＿＿

日　　期：＿＿＿＿＿＿年＿＿＿＿月＿＿＿＿日

表 1-2-1　焊接工艺评定报告目录

序号	报 告 名 称	报告编号	页数
1			
2			
3			
4			
5			
6			
7			
8			
9			
10			
11			
12			
13			
14			
15			
16			
17			
18			
19			

表 1-2-2　焊接工艺评定报告

共　页第　页

工程（产品）名称		评定报告编号	
委托单位		工艺指导书编号	
项目负责人		依据标准	《建筑钢结构焊接技术规程》（JGJ 81）
试样焊接单位		施焊日期	
焊工	资格代号	级别	
母材钢号	规格	供货状态	生产厂家

化 学 成 分 和 力 学 性 能

	C /%	Mn /%	Si /%	S /%	P /%	δ_s /MPa	δ_b /MPa	δ_5 /%	φ /%	A_{KV} /J
标准										
合格证										
复验										
碳含量					公式					

焊接材料	生产厂	牌号	类型	直径/mm	烘干制度/℃·h	备注
焊条						
焊丝						
焊剂或气体						
焊接方法		焊接位置		接头形式		
焊接工艺参数	见焊接工艺评定指导书	清根工艺				
焊接设备型号		电源及极性				
预热温度/℃		层间温度/℃		后热温度/℃		
焊后热处理		时间/min				

评定结论：本评定按《建筑钢结构焊接技术规程》（JGJ 81）规定，根据工程情况编制工艺评定指导书、焊接试件、制取并检验试样、测定性能，确认试验记录正确，评定结果为：＿＿＿＿。焊接条件及工艺参数范围按本评定指导书执行。

评定		年　月　日	评定单位：	（签章）
审核		年　月　日		
技术负责		年　月　日		年　　月　　日

表 1-2-3　焊接工艺评定指导书

共　页第　页

工程名称				指导书编号				
母材钢号		规格		供货状态			生产厂	
焊接材料	生产厂	牌号		类型		烘干制度/℃·h		备注
焊条								
焊丝								
焊剂或气体								
焊接方法				焊接位置				
焊接设备型号				电源及极性				
预热温度/℃		层间温度		后热温度/℃				
				时间/min				
焊后处理								

接头及坡口尺寸图		焊接顺序图	

焊接工艺参数	道次	焊接方法	焊条或焊丝		焊剂或保护气	保护气流量 /L·min⁻¹	电流 /A	电压 /V	焊接速度 /cm·min⁻¹	热输入 /kJ·cm⁻¹	备注
			牌号	φ/mm							
	焊前清理				层间清理						
	背面清根										

技术措施	其他：								

编制		日期	年　月　日	审核		日期		年　月　日

表 1-2-4　焊接工艺评定记录表

共　页第　页

工程名称				指导书标号			
焊接方法		焊接位置		设备型号		电源及极性	
母材钢号		类别		生产厂			
母材规格				供货状态			

			焊　接　材　料				
接头尺寸及施焊道次顺序			焊条	牌号		类型	
				生产厂		批号	
				烘干温度/℃		时间/min	
			焊丝	牌号		规格/mm	
				生产厂		批号	
			焊剂或气体	牌号		规格/mm	
				生产厂			
				烘干温度/℃		时间/min	

施　焊　工　艺　参　数　记　录

道次	焊接方法	焊条（焊丝）直径/mm	保护气体流量/L·min⁻¹	电流/A	电压/V	焊接速度/cm·min⁻¹	热输出/kJ·cm⁻¹	备注

施焊环境		室内/室外		环境温度/℃		相对湿度/%		
预热温度/℃			层间温度/℃		后热温度/℃		时间/min	
后热处理								
技术措施	焊前清理				层间清理			
	背面清根							
	其　他							

焊工姓名		资格代号		级别		施焊日期		年　月　日
记　录		日期	年　月　日	审核		日期		年　月　日

保护气体流量的单位为 $L \cdot min^{-1}$，焊接速度的单位为 $cm \cdot min^{-1}$，热输出的单位为 $kJ \cdot cm^{-1}$。

表 1-2-5　焊接工艺评定检验结果

共　页第　页

非 破 坏 检 验

试验项目	合格标准	评定结果	报告编号	备注
外观				
X 光				
超声波				
磁粉				

拉伸试验	报告编号				弯曲试验		报告编号		
试样编号	δ_b /MPa	δ_b /MPa	断口位置	评定结果	试样编号	试验类型	弯心直径 D/mm	弯曲角度	评定结果
							$D=$		
							$D=$		
							$D=$		
							$D=$		

冲击试验	报告编号			宏观金相	报告编号
试样编号	缺口位置	试验温度/℃	冲击功 A_{KV}/J	评定结果：	
				硬度试验　　　报告编号	
				评定结果：	

其他检验：

检验		日期	年　月　日	审核		日期	年　月　日

1.2.3.5　检查

按照草拟的工艺方案尝试一下，验证其合理性。

1.2.3.6　评价（70 分）

写一篇技术总结，在工作学习任务过程中，在专业理论、技能技巧或交流协作等方面有哪些值得推广的收获？（技师技能鉴定项目之一）

1.2.3.7　题库（30 分）

（1）填空题（每题 1 分，共 10 分）。

1）焊接工艺评定时，对于焊条电弧焊，预热温度比已评定合格值降低 50℃ 以上为（　　）因素。

2）在钢制压力容器焊接工艺评定时，当改变了热处理类别，（　　）重新进行焊接工艺评定。

3）技术标准是从事检验工作的指导性文件，它规定了焊接结构的（　　）和质量评定方法。

4）按照《给排水管道工程施工及验收规范》国标的规定，管道任何位置不得有（　　）焊缝。

5）（　　）是指在产品生产经营过程中，劳动消耗的货币表现。

6）固溶体是合金中一种物质均匀的溶解在另一种物质内形成的（　　）结构。

7）碳钢过热晶粒长大后，很容易形成一种粗大的过热组织称（　　）。

8）在 1148℃ 时从液相中同时结晶出来的奥氏体和渗碳体的混合物称（　　）。

9）焊工操作时的劳动保护有：使用防护面罩、穿工作服、戴口罩以及（　　）措施。

10）常用热处理方法根据加热、冷却方法的不同可分为退火、（　　）、淬火、回火。

（2）选择题（每题 1 分，共 10 分）。

1）下列钢号中，（　　）属于 Q345 钢。
　　A 16Mn　　　　B 15MnV　　　　C 16MnNb　　　　D 15MnVN

2）下列钢号中（　　）是低合金耐蚀钢。
　　A 20CrMoV　　B 16MnRE　　　C 16MnCu　　　　D 09MnNb

3）在焊接装配图中，焊缝符号里（　　）符号用得较少。
　　A 基本　　　　B 焊缝尺寸　　　C 补充　　　　　D 辅助

4）产品的整套（　　）是编制焊接工艺规程的最主要资料。
　　A 装配图样　　B 整体图样　　　C 技术文件　　　D 检验标准

5）球罐焊接时，当风速超过（　　）m/s 时，如无防护措施，应停止进行。
　　A 4　　　　　　B 6　　　　　　C 8　　　　　　　D 10

6）在焊接过程产生的有害因素中，（　　）为化学有害因素。

　　A 噪声　　　　　　B 焊接烟尘　　　　　C 焊接弧光　　　　　D 高频电磁波

7）在熔焊过程中，焊接区内产生的有害气体（　　）会产生有毒的光气。

　　A 臭氧　　　　　　B 氯化物　　　　　　C 氟化物　　　　　　D 氮氧化物

8）在有防止触电的保护装置条件下，人体允许电流一般按（　　）mA 考虑。

　　A 10　　　　　　　B 20　　　　　　　　C 30　　　　　　　　D 50

9）钢材在剪切过程中，在切口附近产生的冷作硬化区宽度一般为（　　）mm。

　　A 0.5～1　　　　　B 1～1.5　　　　　　C 1.5～2.5　　　　　D 2.5～3.5

10）在熔焊过程中，焊接区内产生的下列有害气体（　　）会造成人体组织缺氧而引起中毒。

　　　A 一氧化碳　　　　B 氮氧化物　　　　　C 氟化物　　　　　　D 臭氧

（3）判断题（每题 1 分，共 10 分）。

1）离子的核内质子数与核外电子数是不相等的。（　　）

2）原子或离子获得电子的过程称为氧化。（　　）

3）元素周期表中有 18 个纵行，称为族；有 7 个横行，也就是 7 个周期。（　　）

4）氧化反应应理解为物质所含元素化合价升高的反应。（　　）

5）焊缝横截面的尺寸标注在基本符号的右侧。（　　）

6）水下焊接必须使用直流电源。（　　）

7）当工作环境风力大于 5 级，应采取保护措施。（　　）

8）薄钢板不如厚钢板容易矫正。（　　）

9）按压力容器焊接用关规定，施焊与受压元件相焊的焊缝前，其焊接工艺必须经评定合格。（　　）

10）当焊接方法改变时，不需进行工艺评定。（　　）

1.2.4　学习材料

1.2.4.1　准备

A　建筑钢结构焊接工艺评定的范围和原则

焊接工艺评定的范围和原则焊接工艺评定应遵守国家、各行业相应的工艺评定标准和有关工程的技术条件的要求。基于核安全的要求，施工单位在焊接施工时必须进行工艺评定，按以下 5 项条件进行评定：

（1）首次应用于建筑工程中钢结构施工钢材的焊接。

（2）首次用于建筑钢结构工程的焊接材料所进行的焊接。

（3）在建筑中首次采用的焊接方法。

（4）按图样设计规定的钢材类别、焊接材料、接头形式、焊接位置、焊后热处理及施工单位采用的焊接工艺参数、预热后热措施等各种组合条件首次采用的情况下要进行工艺评定。

（5）特殊的环境及核电质保级别要求重新进行评定的焊接接头（含全熔透接头）的评定。

B 建筑钢结构焊接工艺评定的项目

土建阶段的工艺评定可对 CS、SS、CS+SS 钢及钢筋的组合焊接进行评定。对核岛地坑不锈钢衬里（覆面）及预理件进行焊接工艺评定时，可评定产品焊缝的对接，截面全焊透的 T 形接头和角接接头，焊接施工单位无足够能力保证焊透时，可增加形式试验进行焊接工艺评定，经解剖检验（宏观和微观金相检验）确认后可进行焊接。对 TX 汽轮机厂房压型钢板与钢梁、安全壳钢衬里混凝土浇筑侧进行螺柱焊接时的工艺评定主要是采用螺柱焊接工艺评定，其评定应分为含压型板及不含压型钢板两种方式，即螺柱直接与钢板焊接及螺柱与压型钢板、钢梁焊接的方式分别进行评定。

C 对建筑钢结构焊接工艺评定争议认识

焊接工艺评定的执行，按相应的技术条件或通用性标准进行，不能违背所执行的标准。许多企业或施工单位，在工艺评定时执行的标准不一致，从而导致评定、生产过程中产生不同的争议。所以，作为监理及焊接管理人员，对于工艺评定的执行，一定要熟悉相应的技术要求和评定标准，减少争议。

1.2.4.2 计划

A 简化减少工艺评定数量的条件

简化减少工艺评定数量的条件是在以下的条件下使用：在焊接工艺评定原理的基本条件下对各种焊接方法所规定的焊接次要因素的减少，如焊接坡口角度在相应要求值范围内的变化；焊接垫板的增加或减少；焊接根部间隙的变化；成型块的增减；所有的减少必须是对焊缝力学性能无明显影响的因素，对于影响焊接接头冲击韧性的焊接因素，当规定进行冲击试验时，需要进行工艺评定，此时则不能减少。

由于工艺评定的不转移及不失效特性，对于同一单位所进行的焊接工艺评定，另一个减少工艺评定的条件是在严酷条件下（如各种环境影响较大）评定合格的工艺代替相同材料的普通环境下的焊接，用评定合格的焊接工艺进行实际生产。在有条件限制的情况下，工艺评定过程中可以将不同的焊接位置根据评定原理进行转化，以减小评定项目，如图 1-2-2 所示。图 1-2-2（a）和图 1-2-2（b）可用图 1-2-2（c）的全熔透形式试验接头来代替，这样既减小了评定的工作量，又能包括 3 种接头形式，评定的效率大大提高了。而对于图 1-2-2（d）和图 1-2-2（e），做了图 1-2-2（e）的焊接工艺评定，就可以不用做图 1-2-2（d）的工艺评定，但做前者不能代替后者，因此，对于焊接工艺评定，要选择有代表性的焊接位置，既减小工作量，又能保证评定包括足够多的方面。按 ASME IX 卷 qw408.8 的规定，对于 GTAW 焊接，下列情况下不需重新评定：单面焊带垫板的对接接头，双面焊的对接接头或角焊缝。此例外不适用于镍及镍基合金，钛及钛基合金、锆及锆基合金，运用 GTAW 焊接时的垫板与背后充氩保护在焊接该类材料时就会有很大区别，对焊接接头的质量影响很大，因而，应分别评定，以免错替或遗漏评定项目。对核岛地坑的焊接工艺评定，图 1-2-2（a）、（b）中的钢筋与衬里板的焊接代替时应按 ASME 标准分清材料组别与类别，304L 及 1Cr18Ni9Ti 钢不属于上述的材料范围，因而可以取代；以图 1-2-2（e）、（d）所设定的工艺评定项目的代替情况，在实际生产时应引用由图 1-2-2（e）所示的焊接工艺评定报告（PQR）来支持，从而免去图 1-2-2（d）项目的评定。

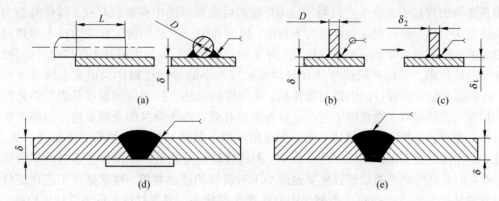

图 1-2-2　焊接工艺评定的减化转化图

（a）钢筋和钢板的搭接；（b）钢筋和钢板的角接；（c）钢板和钢板的全熔透角接；
（d）带垫板的对接；（e）不带垫板的单面焊双面成型对接

B　对接接头可替代角接接头的工艺评定

按照 ASME 及 JB 4708 和国内相关建设的标准 JGJ 81《建筑钢结构焊接技术规程》的规定，对接焊接工艺评定可替代角接工艺评定，对此说法在实际生产时应慎重应用。通常，对于薄板可直接应用，对于中厚板及厚板的角接则必须进行全熔透 T 形接头的形式试验工艺评定。按评定标准，对接时进行焊缝的力学性能试验（拉伸、弯曲、冲击）检验，而角接做宏观金相检验及焊脚尺寸差检验，特殊情况下做弯曲贴合检验，检查断口在弯曲后的状态，考核项目有区别，因此，对于重要构件的生产，不能盲目替代。全熔透 T 形接头的型式试验工艺评定是对对接接头工艺评定在实际应用时的验证和重新确定生产工艺的另一种有效验证方法。巴基斯坦恰希玛核电 C-2 核电站在 J 类接头的 SAW 评定过程中的实际例子就足以证实此说法的正确性。以工件材质为 20g 的评定为例，试件腹板规格为 1200mm×200mm×24mm，翼板规格为 1200mm×300mm×30mm，焊接节点如图 1-2-3 所示，采用船形位置焊接。

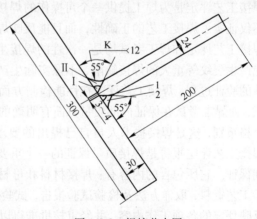

图 1-2-3　焊接节点图

C　焊接缺陷对焊接工艺评定及焊接接头的影响

对于焊接质量，要求是 NDT 检测零缺陷最好，而当焊缝无缺陷时也不一定能满足使用要求。综合评价试验结果及工艺的正确性不能仅靠 NDT 检测的结果 Ⅰ 级或 Ⅱ 级合格为前提来保证，而要靠工艺、焊接方法的正确来保证，要充分满足各项力学性能指标，必须评定合格的焊接工艺参数和施工焊接方法。当力学性能全部合格后，NDT 检测结果不全是 Ⅱ 级以上的焊缝，甚至于有些焊接接头 Ⅳ 级焊缝也能达到要求，满足用户。当有 NDT 合格级别的要求时，不仅是评定合格的焊接工艺参数的验证，同时也是对焊工的选定。因此，焊工考试与焊接工艺评定原理在这一方面是相通的。焊缝的各项性能指标均合格，用该项评定报告支持的焊接工艺在生产过程中经 RT 检测后发现焊缝中有裂纹存在，即焊缝的力学性能评定为合格，而对裂纹的评定为不合格，因而在生产时必须确定合理的技术参数及工艺措施来消除裂纹：可采用改进焊接工艺评定的次要因素，如加大或减小焊接时的熔合比、增加焊缝的拘束力、选择同牌号的且对裂纹敏感性小的焊接材料作为填充金属等次要因素；增加同类型焊接坡口的引弧与收弧板；采用焊前预热、控制层间温度及焊后热处理等工艺措施来消除裂纹；而该项工艺评定报告仍然有效。对于裂纹的处理要进行缺陷产生原因分析、返修，并制定防止措施，保证产品的质量。其他缺陷（未熔合、未焊透、夹渣、气孔）的出现对接头的致密性产生了影响，但这些缺陷可能是由于操作者本身的原因造成的，而人们对这些缺陷的敏感程度要远远小于对裂纹的敏感程度，这就是在工艺评定件可绕开这些缺陷进行取样检验（类似于压力容器 A 类接头产品焊接试板的力学性能检验）的原因之一，以试验结果判定工艺是否正确，并不完全决定于焊接缺陷本身。当然，更应该关注的是零重大缺陷的评定，这种讨论只是为了消除许多人在工艺评定时的模糊认识。

1.2.4.3　决策

A　焊接工艺评定与焊工考试

焊接工艺评定主要是评定焊接母材与填充材料的焊接性问题及焊后的力学性能、工艺性能。它不同于焊工的技能考试，焊工的技能考试主要是按评定合格的焊接工艺，在不同的施焊位置（板的平、立、横、仰；管板的组合焊；管子的水平固定、垂直固定、45°固定焊）下，在给定的焊接工艺参数范围内要求焊工焊成完整的符合要求的产品（考试试件），焊接工艺评定是为焊工提供一个可操作的焊接工艺参数，它是焊工操作的指南，焊工考试不仅证实了焊接工艺的正确性，而且能反映焊工的操作水平，在工艺方面，两者是相通的。焊接工艺评定和焊工考试均是一次性的焊接生产、检验过程，在评定和考试过程中都要拒绝产生裂纹等重大的焊接缺陷，不像实际生产，有缺陷时可以挖除并予以返修，它是一次性的验证过程，焊接工艺评定在性能检测方面的要求严于焊工考试，检验项目多于焊工考试，而焊工考试在保证内部质量方面有明确的要求，通常在工艺评定时也会要求有一定的合格级别，这是焊接技术人员自己提出的要求，是为保证工程质量所应采取的积极态度。焊接工艺评定报告是焊接质量保证的一个重要体现，是评价焊接是否具有可信度的一个有利保证。它所包含的内容有：焊接材料和母材的质量保证资料，焊接生产记录，试板的加工工艺资料，取样方法及检验试验报告，试验的残样，VT 及 NDT 检验报告等内容。能充分反映评定的各项工作内容，并经审核批准得以发布存档。

按 ASME 第Ⅸ卷标准的要求，对于焊接工艺评定结果合格的项目，可支持相应位置（2G、3G、4G 等）的焊接工作，只是要求补做相应的焊接工艺指导书（或是焊接工艺规程），而不必重新进行评定各个位置。这一点值得焊接人员进行综合考虑。对于是否进行各位置考试的争议，可由此进行消除。同时，工艺评定结果合格的焊工，也具备了各种焊接位置的操作条件，也不必进行各种位置的再次操作考试。

B　焊接工艺评定方法与焊接工艺规程

a　评定方法

确定评定项目后，可按相应的技术条件和标准进行试件的划线、下料、试件加工、组对、焊接、VT 及 NDT，力学性能试样取样，力学性能试验，评定过程此处不再赘述。

b　焊接工艺规程

焊接工艺规程按照评定合格的报告进行编制，只需要相同焊接方法所得的合格报告的支持就足够了，即在同一种焊接方法评定合格后，且在评定厚度范围内的一个报告的支持下可获得生产工艺；但对于受 z 向作用力的焊接接头如核安全壳施工中的 H、J 类接头，受剪力作用的焊接接头如 G 类接头等全熔透型中厚板接头的焊接工艺规程中引用的评定报告，必须是双重报告支持，即用对接接头的合格工艺评定+全熔透 T 形型式试验的合格评定 2 个报告支持焊接生产。通常，焊接工艺评定用 1G 位置进行，评定结果合格的项目，可支持相应位置（2G、3G、4G 等）的焊接工作，只是要求补做相应的焊接工艺指导书（或是焊接工艺规程）即可，不必重新进行各个位置的评定。这一点应值得焊接人员进行综合考虑。对于同一类焊接工艺评定的电流使用情况，可根据工艺评定所适用的工件厚度范围制定详细的焊接工艺规程，如用 GMAW/SMAW 方法，准 2.0mm/准 2.6mm 评定时所用材质为 304L、厚度 $\delta=6mm$，则其焊接电流为（90~130A）/（65~95A），而在实际焊接中对 $\delta=2mm$ 的同种焊材，其焊接电流可为 40~60A，对此种焊接电流范围变化较大，有人认为应重新进行工艺评定，其实这是不必要的，只需由焊接技术人员引用该评定合格的工艺报告，重新拟定新的焊接工艺规程即可，而生产中的实际工艺参数必须与工艺规程中所规定的焊接参数相一致。对于此种争议，可以明确并消除。

1.2.4.4　实施

A　螺柱焊的焊接工艺评定

对于螺柱焊工艺评定，有人认为就是采用螺柱焊机，制定一个工艺，直接将螺栓（柱）焊在待焊母材板上，检验时敲击 30°或 15°，螺柱根部未产生缺陷或开裂即为合格。但实际上对于螺柱焊接工艺评定，仍需要进行详细的评定：

（1）有无中间隔板（压型钢板）的改变各要进行评定。

（2）焊接评定应遵守相应的螺柱评定标准和技术条件。

（3）试验过程可按如下过程找出合理的焊接工艺参数，以恒定的焊接电流进行焊接，共焊 60 个焊件，分为以恒定的焊接电流 $I_1=1.1I$（I 为最佳设定电流）焊 30 个样件；$I_2=0.9I$（I 为最佳设定电流）焊 30 个样件，分别对这两批试样进行力学性能试验，即做接头拉伸试验，试验件不断于焊缝，或虽断于焊缝，但其强度达到 $R_m \geqslant 420MPa$ 或规定母材的标准抗拉强度值的下限即为合格。对于试验件中出现的不合格样件，加倍取样，试验合格后则工艺评定抗拉试验结果合格；对于抗弯试验则敲击试件至 30°，全部合格后评定为合格。

B　建筑钢结构焊接工艺评定的验收

NDT 验收 JB 4708—2000《钢制压力容器焊接工艺评定》在焊接工艺评定方面的规定较合理，规定了对接焊缝的 RT 检验应无裂纹，并未对其他项目做出明确的规定。而 GB 50236—1998《现场设备、工业管道焊接工程施工及验收规范》及 JGJ 81—2000《建筑钢结构焊接技术规程》均对 RT 检测的合格级别做了明确规定，即焊缝质量不低于 GB/T 3323—2005 中规定的 Ⅱ 级。对于恰希玛核电工程 C-2 工程施工焊接工艺评定要求也未对其明确规定，因而，将有关内容综述如下。

（1）焊接工艺评定重要因素是评定焊接母材与填充材料的焊接性及焊后的力学性能（抗拉强度和弯曲性能）；焊接工艺评定补加重要因素是评定接头的工艺性能（接头的冲击韧性），化学分析主要评定 δ 铁素体含量及其分布问题，金相检验主要考察接头的组织及其他使用性能（如耐腐蚀性等）。

（2）对影响焊接接头力学性能的控制不仅是评定焊接电流、电弧电压和焊接速度等主要的焊接工艺参数，更重要的是为获得合理的焊接工艺，来指导实际的焊接生产，这也是工程建设中质量保证的重要因素之一。

（3）所有标准及技术条件均要求焊缝不能存在裂纹，这是相同之处。实际中，当评定出现裂纹时，施工单位及技术人员都很小心，一般情况下均采取重新评定，这是为保证工程质量所应采取的积极态度。

　C　建筑钢结构焊接工艺评定注意事项

（1）综合考虑钢材的分类，在不违背焊接工艺评定原理及评定标准的前提下，按对接可替代角接、不带垫板单面焊双面成型可替代带垫板焊、全熔透可替代非全熔透角接评定的方法，可减少工艺评定数量，提高评定效率。

（2）对于对接可替代角接的应用应持有慎重的态度：它在一般的非熔透性施工中可替代，或采取适当的工艺措施后如背部清根熔透时可替代；对于有熔透要求的焊缝、受 z 向作用力等重要结构的焊接接头如核安全壳施工中的 H、J 类接头，受剪力作用的焊接接头如 G 类接头，评定时必须评定 2 个项目，一是全熔透对接接头，二是全熔透 T 形接头型式试验，并用双重报告来支持实际的焊接生产。

（3）对接及全熔透 T 形接头型式试验，可综合检测接头的各项性能指标，无论从哪个方面均能满足各类质量保证要求，值得在各行业大力推广，同时 T 形接头型式试验的应用是对各工艺评定标准的补充。对于同类型的焊接工艺评定，只要在所采用的主要因素、补加主要因素不变的条件下，生产工艺规程的适应范围一定要满足工艺评定标准所规定的材料厚度范围。次要因素的改变可在引用原工艺评定报告的条件下重新拟定工艺规程，以满足实际生产。

1.2.4.5　检查

完成附表《建筑钢结构焊接工艺评定报告》，验证其合理性，扫描二维码获得该表。

1.2.4.6　评价

在这次的学习任务中，你觉得在专业理论、技能水平或交流协作等方面有哪些提高？

焊接工艺评定
报告示例

学习任务 1.3　锅炉压力容器焊接工艺评定

1.3.1　学习目标

（1）能明确锅炉压力容器焊接行业标准，并会使用。

（2）能够按要求拟定焊接工艺指导书。

（3）学习锅炉压力容器焊接工艺评定要点。

（4）对已完成的模拟件进行焊接质量评定和学习评价。

（5）工作实施过程中自觉遵守安全操作、文明生产要求。

1.3.2　学习任务描述

由于压力容器焊接工艺评定标准的专业性与实践性都非常强，真正认识与理解焊接工艺评定标准也绝非易事，需要认真学习相关专业知识和进行焊接工艺评定实践。本任务拟从焊接工艺评定标准原理，焊接、压力容器等相关知识，焊接工艺评定实践以及压力容器法规等多方面进行学习与实践。

1.3.3　工作任务

锅炉压力容器如图 1-3-1 所示。

图 1-3-1　锅炉压力容器

1.3.3.1　准备

（1）什么是锅炉压力容器？

（2）锅炉压力容器的特点有哪些？

（3）学习压力容器基本知识。

1.3.3.2　计划

（1）学习锅炉基本知识。

（2）学习压力容器基本知识。

1.3.3.3　决策

（1）确定压力容器焊接接头形式。

（2）钢制压力容器中有哪几种焊缝必须评定？

1.3.3.4 实施

（1）进行典型容器的焊接并提出一个焊接工艺评定的项目。

（2）草拟焊接工艺方案并说明压力容器焊接接头的表面质量要求。

1.3.3.5 检查

按照草拟的工艺方案尝试一下，验证其合理性。

1.3.3.6 评价（70分）

（1）能熟练查阅焊接技术规范和标准。

（2）协助工艺负责人完成焊接工艺评定指导书的拟定。

（3）能严格按照拟定的焊接工艺评定指导书独立完成试件焊接，正确填写焊接工艺评定记录表。

（4）能参与分析影响焊接接头质量的因素，并采取相应的措施进行改进。

（5）能按照焊接工艺评定报告等相关资料正确编制焊接工艺卡。

1.3.3.7 题库（30分）

（1）填空题（每题1分，共10分）。

1）按照锅炉压力容器焊工考试规则，持证焊工只能担任（　　　）范围内的焊接工作。

2）按照锅炉压力容器焊工考试规则，焊工中断焊接工作（　　　）以上，必须重新考试。

3）在元素周期表中，同周期元素从左到右（　　　）逐渐减弱。

4）带有电荷的原子（或原子团）称为（　　　）。

5）在钣金展开三种方法中，适用于任何形状实物体展开的是（　　　）法。

6）焊接工艺评定的目的在于获得焊接接头（　　　）符合要求的焊接工艺，并能反映该工厂用焊接制造该产品的能力。

7）全电路欧姆定律是指在全电路中，电流 I 与电源的（　　　）成正比，与整个电路的电阻成反比。

8）焊缝符号一般由基本符号与指引线组成，必要时还可加上（　　　）、补充符号和焊缝尺寸符号。

9）常用热处理方法根据加热、冷却方法的不同可分为退火、（　　　）、淬火和回火。

10）常用金属材料的力学性能有强度、塑性、硬度、韧性及（　　　）等。

（2）选择题（每题1分，共10分）。

1）制定焊接工艺规程时，一定要考虑到产品验收的（　　　）。

    A 技术标准   B 制造标准   C 质量标准   D 组装标准

2）对钢材来说，一般认为试件经过（　　　）次循环而不破坏的最大应力，就可作为疲劳极限。

    A 10^5　　　　　　　　B 10^6　　　　　　　　C 10^7　　　　　　　　D 10^8

3）正火处理得到的组织（　　　）比退火的高一些。

    A 较细，强度和硬度　　　　　　　　　　B 较粗，强度和硬度

    C 细，塑性和硬度　　　　　　　　　　　D 较粗，塑性和硬度

4）为了提高钢的硬度和耐磨性，钢淬火后应得到（　　　）组织。

    A 铁素体　　　　　　B 奥氏体　　　　　　C 马氏体　　　　　　D 珠光体

5）下列铁碳合金基本组织中，（　　　）是没有磁性的。

    A 铁素体　　　　　　B 奥氏体　　　　　　C 渗碳体　　　　　　D 珠光体

6）下列铁碳合金基本组织中，（　　　）组织硬度最高。

    A 铁素体　　　　　　B 奥氏体　　　　　　C 渗碳体　　　　　　D 珠光体

7）下列铁碳合金基本组织中，（　　　）组织属于固溶体。

    A 珠光体　　　　　　B 奥氏体　　　　　　C 渗碳体　　　　　　D 铁素体

8）在下述焊切方法中，（　　　）噪声最大。

    A CO_2 气体保护焊　　B 氩弧焊　　　　　　C 等离子弧焊　　　　D 等离子切割

9）下列钢材中，桥梁常采用（　　　）。

    A 16Mn　　　　　　B Q235　　　　　　C 16q　　　　　　　D 20

10）电焊时，大部分触电事故都是来自（　　　）触电。

    A 低压单相　　　　　B 低压两相　　　　　C 跨步电压　　　　　D 1000V 以上高压

（3）判断题（每题 1 分，共 10 分）。

1）在铁碳平衡状态图中，PSK 线为共析反应线，简称 A_1 线。（　　　）

2）在铁碳平衡状态图中，GS 线表示钢在快速冷却时，由奥氏体开始析出铁素体的温度。（　　　）

3）在铁碳平衡状态图中，E 点是区分钢和铸铁的分界点。（　　　）

4）Q235-A 与 Q235-B 的区别，除后者成分控制较严外，后者还需作冲击试验。（　　　）

5）当图中的剖面符号是与水平方向成 45° 的细实线时，则知零件是非金属材料。（　　　）

6）使用弧焊整流器时，如主回路交流接触器抖动，接触不好，往往会引起焊接电流不稳定。（　　　）

7）焊接与切割设备的调试过程必须严格按照其使用规则进行。（　　　）

8）焊接工艺评定的因素是指影响焊接接头冲击韧度的焊接条件。（　　　）

9）在焊接工艺评定因素中，补加因素是指影响焊接接头强度和冲击韧度的工艺因素。（　　　）

10）焊条电弧焊时，将评定合格的焊接位置改为向上立焊时属于重要因素。（　　　）

1.3.4　学习材料

1.3.4.1　准备

A　锅炉压力容器的概念

锅炉是一种生产蒸汽或热水的热能设备，它把燃料的化学能经过燃烧变为热能，来加热水或使水变成蒸汽（饱和蒸汽或过热蒸汽），作为动力或热力使用。生产蒸汽的称蒸汽锅炉，生产热水的称热水锅炉。

凡承受流体介质压力的密封设备称为压力容器。压力容器一般泛指在化工和其他工业生产中用于完成反应、传热、传质、分类和储运等生产工艺过程，并具有特定功能的承受一定压力的设备。

B　锅炉和压力容器与一般机械设备所不同的特点

（1）工作条件恶劣：锅炉压力容器的工作条件包括载荷、温度和介质等。

1）从载荷性质来看，锅炉压力容器除承受静载荷外，还承受低周疲劳载荷。低周疲劳载荷是由于锅炉压力容器制成后，经受水压试验、开启和停运转调试、定期检修时的温度及压力波动等变化载荷的作用所引起的。

2）从环境温度来看，锅炉和部分压力容器在高温下工作。有的压力容器还要在低温下工作。

3）从工作介质来看，有空气、水蒸气、硫化氢、液化石油气、液氨、液氯、各种酸和碱等。它们在一定的条件下对锅炉、压力容器起着腐蚀作用。

（2）容易发生事故，这主要是因为：

1）锅炉压力容器的使用条件比较苛刻。

2）锅炉压力容器与其他设备相比容易超负荷。

3）局部区域受力情况比较复杂。

4）焊接的锅炉压力容器隐藏一些难以发现的缺陷。

（3）使用广泛并要求连续运行。

C　压力容器基本知识

（1）压力容器主要工艺参数。压力容器的工艺参数是设计、制造、检验等方面的主要依据。为保证压力容器的安全，满足工艺生产的要求，必须根据工艺参数来确定设计参数。各国的压力容器设计规范和安全监督法规都对工艺参数和设计参数规定了严格的定义。

1）设计压力：是指在相应设计温度下用以确定容器壳体壁厚及容器上各种受压元件尺寸的压力。

2）工作压力：是指容器在正常操作过程中其顶部位置上所测得的表压力，单位为 MPa。

3）最高工作压力：是指容器在操作过程中，其容器顶部可能出现的最高表压力。对外压容器是指在工作过程中可能出现的最大内外腔压差。

4）工作温度：是指容器内部介质在正常操作过程中的温度，单位为摄氏度（℃）。

5）最高工作温度：是指容器内部介质在工作过程中可能出现的最高温度。

6）最低工作温度：是指容器内部介质在工作过程中可能出现的最低温度。

（2）压力容器分类。

1）按压力容器的使用位置分类。在工业装置中，压力容器的使用位置可分为固定式压力容器和移动式压力容器。多数的压力容器都是固定在某一场所工作。这一类容器最多，就其固定方式又有立式和卧式两种。移动式压力容器是指工作场所经常变动的那类容器，如工业气瓶、民用液化石油气瓶、汽车及铁路槽车等。

2）按容器的形状分类。容器的形状主要指容器的主体形状。若不考虑封头、封底、连接形式的变化，可将容器主要分为圆筒形容器和球形容器两种。此外，还有椭圆柱形容器和组合容器等。

3）按容器的设计压力等级分类。根据容器的设计压力（户），分为低压、中压、高压、超高压四类。具体划分如下：

①低压容器为 0.1~1.6MPa；

②中压容器为 1.6~10MPa；

③高压容器为 10~100MPa；

④超高压容器为大于 100MPa。

4）按容器的壳壁温度分类。根据容器壳壁在工作状态不可能达到的温度，可分为低温容器、常温容器和高温容器。

①低温容器是指容器的工作温度等于或低于-20℃的容器。对于工作温度虽高于-20℃，但没有设置保温的容器，受环境气温影响可能低于或等于-20℃，也属低温容器范畴。

②常温容器是指在室温条件下操作的容器。

③高温容器是指操作温度高于室温的容器。

5）按压力容器在工艺过程中的作用分类。按压力容器在生产工艺过程中的作用原理可分为反应压力容器、换热压力容器、分离压力容器、储存压力容器四类。

1.3.4.2 计划

A 锅炉基本知识

（1）锅炉参数：锅炉参数是表示一台锅炉在工作时的基本特性的数据，主要有锅炉的出力、压力和温度 3 项。

（2）锅炉常用的分类方法。

1）按照锅炉的用途分为电站锅炉、工业锅炉、采暖锅炉、机车锅炉和船舶锅炉。

2）按锅炉所提供的热载介质分为蒸汽锅炉、热水锅炉和其他介质锅炉。

3）按锅炉结构分为火管锅炉、水管锅炉和水火管混合式锅炉。

4）按锅炉生产蒸汽量分为大型锅炉（蒸发量大于 100t/h）、中型锅炉（蒸发量为 20~100t/h）、小型锅炉（蒸发量小于 20t/h）。

5）按锅炉产生的蒸汽压力分为低压锅炉（工作压力不超过 2.45MPa）、中压锅炉（工作压力为 2.94~4.9MPa）、高压锅炉（工作压力为 7.84~10.8MPa）。

6）按锅炉使用燃料分为燃煤锅炉、燃油锅炉、燃气锅炉、原子能锅炉。

7）按锅炉安装方法分为整装锅炉（即快装锅炉）、散装锅炉。锅炉在制造厂组装后，到使用单位只需外管路阀门即可投入运行的锅炉称为整装锅炉。锅炉主要受压部件散装出厂，到使用单位进行现场组装的锅炉称为散装锅炉。

8）按锅炉整体形式分为锅壳锅炉、水管锅炉。受热面主要布置在锅壳内的锅炉称为锅壳锅炉。烟气在受热面管子的外部流动，水在管子内部流动的锅炉称为水管锅炉。

9）按锅炉安装位置分为固定式锅炉和移动式锅炉。

10）按锅筒位置分为立式锅炉和卧式锅炉。

B　压力容器的结构

压力容器的结构如图 1-3-2 所示。大多数是由圆柱形、圆锥形或球形的筒体，加上封头、接管和管接头、法兰等组成。

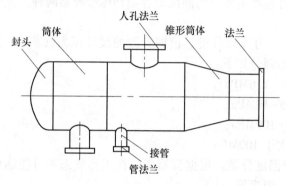

图 1-3-2　组合式压力容器结构

（1）筒体。筒体是压力容器最主要的组成部分。储存物料或完成化学反应所需要的压力空间大部分是由它构成的，所以筒体的大小往往是根据工艺要求确定的。筒体的形状有圆筒形、锥形、球形等。

1）球形容器：由于其几何形状呈中心对称，故受力均匀，在相同壁厚条件下，承载能力最高。

2）圆筒形容器：其几何形状属于轴对称，受力状态不如球形容器，因外形没有突变，应力较均匀。比球形容器易于制造，内件便于安装、故应用较广。

3）锥形容器：其受力状态不好，一般很少应用，只作为收缩器或扩大器与圆筒壳体联在一起，构成组合形容器，如分离器等。

（2）封头。根据几何形状的不同，封头可分为球形、椭圆形、碟形、锥形和平盖形几种形状。在压力容器中，封头与筒体连接时只能采用球形或椭圆形封头，不允许用平盖。

（3）法兰。法兰是容器及管道连接中的重要部件。通过螺栓和垫片实行连接和密封，故普遍应用在压力容器上。

（4）开孔与接管。由于工艺或检修需要，在筒体上或封头上，开设各种孔或安装接管，如人孔、手孔、物料进出口孔，以及安装压力表、液位计、安全阀等的接管。由于开孔，筒体强度将被削弱（有的需要补强），同时影响容器的疲劳寿命。

（5）支座。支座是支撑压力容器并固定在基础上的受压元件。卧式容器常采用鞍式，立式容器常采用支撑式、悬挂式、裙座式等，球形容器常采用柱式和裙式两种支座。

（6）安全附件。在压力容器上还常常装有安全泄压装置和其他安全附件，以保证压力容器使用安全和工艺过程的正常稳定进行。

1.3.4.3　决策：典型压力容器的焊接

A　对压力容器的要求

压力容器内部承受很高的压力，并且往往还盛有有毒的介质，所以它比一般的金属结构应具有更高的要求。

（1）强度。压力容器是带有爆炸危险的设备，为了保证生产和工人的人身安全，容器的每个部件都必须具有足够的强度，并且在应力集中的地方，如筒体上的开孔处，必要时还要进行适当的补强。

（2）刚性。刚性是指构件在外力作用下保持原来形状的能力。有时刚性的要求要大于强度，因为容器或其受压部件虽然不会因强度不足而发生破裂，但由于弹性变形过大也会使其丧失正常的工作能力。

（3）耐久性。容器的耐久性是指容器的使用年限。影响容器使用年限的因素是设备的被腐蚀情况，在某些情况下还决定于容器工作时的疲劳、蠕变以及振动等。通常一般压力容器的使用年限为10年左右，高压容器使用年限为20年左右。

（4）密封性。压力容器内部储存或处理的物质有很多是易燃、易爆或有毒的！一旦泄漏出来，不但会造成生产上的损失，更重要的是会使操作工人中毒，甚至引起爆炸。因此，对容器的密封性要给予特别的注意。一方面要严格保证焊缝质量，另一方面容器制成后一定要按规定进行水压试验。

B　压力容器的焊接接头形式

（1）焊接接头的主要形式。在压力容器中，焊接接头的主要形式有对接接头、角接接头、搭接接头。

1）对接接头：筒体与封头等重要部件的连接均采用对接接头，因为这种接头受力较均匀，强度也容易做到与母材相等。

2）角接接头：角接形式多用于管接头与壳体的连接，有插入式和骑座式两种形式。

3）搭接接头：搭接接头主要用于非受压部件与受压壳体的连接，如支座与壳体的连接。

（2）焊接接头形式的分类。压力容器上的各种接头，按其受力条件及所处的位置大致可分为如图1-3-3所示的A、B、C、D四类。

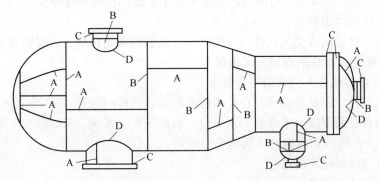

图1-3-3　压力容器焊接接头形式分类

1）A 类接头为对接接头。它是容器中受力最大的接头，因此要求采用双面焊或保证焊透的单面焊缝，主要是指筒节的拼接纵缝、封头瓣片的拼接缝、半球形封头与筒体相接的环缝等。

2）B 类接头也是对接接头。但它的工作应力是 A 类接头工作应力的 1/2。它包括筒节间的环缝、椭圆形及蝶形封头与接管相接的环缝等。

3）C 类接头为角接接头，这类接头所受的工作应力一般较小。如法兰、管板等焊缝。

4）D 类接头是接管与筒体的交叉焊缝，受力条件较差，且存在较高的应力集中；同时，焊接时刚性拘束较大，焊接残余应力也较大，易产生缺陷，因此在容器中，D 类接头也应采用全焊透的焊接接头。

C　压力容器的焊接及工艺评定

a　对压力容器材料的要求

压力容器广泛采用的材料是碳素钢，低合金高强度钢、奥氏体不锈钢以及有色金属及其合金等。用于焊接压力容器主要受压元件的碳素钢和低合金钢，其碳的质量分数不应大于 0.25%。在特殊条件下，如果选用碳的质量分数超过 0.25% 的钢材，应限定碳当量不大于 0.45%。压力容器专用钢材的磷的质量分数不应大于 0.030%，硫的质量分数不应大于 0.020%。

b　对焊工的要求

焊接压力容器的焊工，必须按照《锅炉压力容器焊工考试规则》进行考试，取得焊工合格证后，才能在有效期间内担任合格项目范围内的焊接工作。

c　焊接工艺评定及焊接工艺指导书

焊接工艺评定是保证压力容器焊接质量的重要措施。焊接工艺评定报告即是验证拟定的焊接工艺指导书是否合适的手段，又是制定正式焊接工艺指导书的重要依据。焊工在施焊中遵照实施，而且在实施过程中不得任意更改。

d　压力容器组焊的要求

（1）不宜采用十字焊缝。相邻的两筒节间的纵缝和封头拼接焊缝与相邻筒节的纵缝应错开。其焊缝中心线之间的外圆弧长一般应大于筒体厚度的 3 倍，且不小于 100mm。

（2）在压力容器上焊接的临时吊耳和拉筋的垫板等，应采用与压力容器壳体相同或在力学性能和焊接性能方面相似的材料，并用相适应的焊材及焊接工艺进行焊接。临时吊耳和拉筋的垫板割除后留下的焊疤必须打磨平滑，并应按图样规定进行渗透检测或磁粉检测，确保表面无裂纹等缺陷。打磨后的厚度不应小于该部位的设计厚度。

（3）不允许强力组装。

（4）受压元件之间或受压元件与非受压元件组装时的定位焊，若保留成为焊缝金属的一部分，则应按受压元件的焊缝要求施焊。

e　压力容器焊接接头的表面质量要求

（1）形状、尺寸以及外观应符合技术标准和设计图样的规定。

（2）不得有表面裂纹、未焊透、未熔合、表面气孔、弧坑、未焊满和肉眼可见的夹渣等缺陷，焊缝上的熔渣和两侧的飞溅物必须清除。

（3）焊缝与母材应圆滑过渡。

（4）焊缝的咬边要求：

1）使用抗拉强度规定值下限大于等于 540MPa 的钢材及铬-钼低合金钢材制造的压力

容器，奥氏体不锈钢、钛材和镍材制造的压力容器，低温压力容器、球形压力容器以及焊缝系数取 1.0 的压力容器，其焊缝表面不得有咬边。

2）上述 1）款以外的压力容器焊缝表面的咬边深度不得大于 0.5mm，咬边的连续长度不得大于 100mm，焊缝两侧咬边的总长不得超过该焊缝长度的 10%。

3）角焊缝的焊脚高度，应符合技术标准和设计图样要求，外形应平缓过渡。

f　焊接接头返修的要求

（1）应分析缺陷产生的原因，提出相应的返修方案。

（2）返修应编制详细的返修工艺，经焊接责任工程师批准后才能实施。返修工艺至少应包括：缺陷产生的原因，避免再次产生缺陷的技术措施，焊接工艺参数的确定，返修焊工的指定，焊材的牌号及规格，返修工艺编制人和批准人的签字。

（3）同一部位（指焊补的填充金属重叠的部位）的返修次数不宜超过 2 次。

（4）返修的现场记录应详尽。其内容至少包括坡口形式、尺寸、返修长度、焊接工艺参数（焊接电流、电弧电压、焊接速度、预热温度、层间温度、后热温度和保温时间、焊材牌号及规格、焊接位置等）和施焊者及其钢印等。

（5）要求焊后热处理的压力容器，应在热处理前焊接返修。如果在热处理后进行焊接返修，返修后应再做热处理。

（6）有抗晶间腐蚀要求的奥氏体不锈钢制压力容器，返修部位仍需保证原有的抗晶间腐蚀性能。

1.3.4.4　实施

钢制压力容器中有 5 种焊缝必须评定：

（1）受压元件焊缝。受压元件包括封头（或端盖）、筒体、人孔盖、人孔法兰、人孔接管、开孔补强圈、球罐的球壳板等。如图 1-3-4 所示。

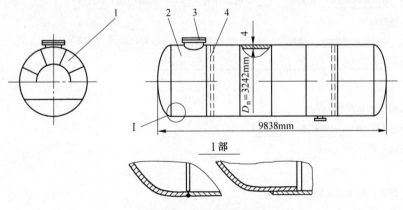

图 1-3-4　受压元件焊缝

1—封头；2—筒体；3—人孔；4—开孔补强圈

（2）与受压元件相焊的焊缝。

（3）熔入永久焊缝内的定位焊缝。

（4）受压元件母材表面的堆焊、补焊。

（5）上述焊缝的返修焊缝。

焊接工艺指导书和焊接工艺评定报告见表 1-3-1 和表 1-3-2。

表 1-3-1　焊接工艺指导书

工程名称：_____

批准人签字：_____

焊接工艺指导书编号：_____ 日期：_____ 焊接工艺评定报告号：_____

焊接方法：**电弧焊**　机械化程度：**手工**　（手工、半自动、自动）

焊接接头：**管球对接**

坡口形式：**单面 V 型**　　　　　　　接头坡口形式：

衬管（材料及规格）：_φ130×4_

焊接-层次（顺序）：

先焊1 后焊2

母材：

类别号　**Ⅱ**　组别号　**Ⅱ-1**　与类别号　**Ⅱ**　组别号　**Ⅱ-1**

标准号 **GB 10854—1989** 钢号 **Q235B** 与标准号 **GB 10854—1989** 钢号 **Q235B** 相焊厚度范围 **4mm**

母材：

对接焊缝　对接焊缝　角焊缝_____

管子直径、壁厚范围：

对接焊缝　_φ140mm×4mm_　角焊缝_____　组合焊缝_____　焊缝金属　**J422**

焊接球直径、壁厚范围：

对接焊缝　_φ650mm×16mm_　角焊缝_____　组合焊缝_____　焊缝金属　**J422**

焊接材料：

焊接类别　**对接焊缝**　其他_____

焊接标准 **GB 10854—1989** 牌号　**Q235B**

填充金属尺寸　　　_φ4.0_

焊丝、焊剂牌号　**J422**

焊条（焊丝）敷金属化学成分　　　　　　　　　　　　　（%）

C	Si	Mn	P	S	Cr	Ni	Cu	V	Mo
0.084	0.18	0.49	0.029	0.02	—	—	—	—	—

注：对每一种母材焊接材料的组合均需分别填表。施工单位：

焊接位置：

对接焊缝的位置：　水平

焊接方向：　　向上

角焊接位置：＿＿＿＿＿

焊后处理：＿＿＿＿＿＿＿

加热温度＿＿＿＿＿升温速度＿＿＿＿＿

保温时间＿＿＿＿＿冷却方式＿＿＿＿＿

预热：

预热温度（允许最低值）＿＿＿＿＿

层间温度（允许最高值）＿＿＿＿＿

保持预热时间＿＿＿＿＿＿＿＿

加热方式

气体：

保护气体＿＿＿＿＿＿＿＿

混合气体组成＿＿＿＿＿＿＿

流址＿＿＿＿＿＿＿＿

电特性：

　电流种类　交流　　极性　直接

　焊接电流范围（A）180~220　电弧电压（V）21~25

（按所焊位置和厚度、分别列出电流和电压范围、这些数据可记入下表中）

| 焊缝层次 | 焊接方法 | 填充金属 | | 焊接电流 | | 电弧电压范围 /V | 焊接速度 /cm·min⁻¹ | CO_2 流量 /L·min⁻¹ |
		牌号	直径/mm	极性	电流/A			
1	手工电弧焊	J422	$\phi4.0$	正	180~220	21~25	30~40	
2	手工电弧焊	J422	$\phi4.0$	正	160~200	23~27	40~50	

钨极规格及类型＿＿＿＿＿＿＿＿＿＿＿

熔化极气体保护焊熔滴过渡形式（喷射过渡、短路过渡等）＿＿＿＿＿＿＿＿＿

焊丝送进速度范围＿＿＿＿＿＿＿＿＿＿＿＿＿＿＿＿＿

技术措施：

摆焊或不摆动焊：　　　　　不摆动

摆动参数：＿＿＿＿＿＿＿＿＿＿＿＿＿

喷嘴尺寸：＿＿＿＿＿＿＿＿＿＿＿＿＿

焊前清理或层间清理：　焊前清理焊缝污物

背面清根方法：＿＿＿＿＿＿＿＿＿＿＿

导电咀至工件距离（每面）：＿＿＿＿＿＿＿

多道焊或单道焊（每面）：　多道焊

多丝焊或单丝焊：＿＿＿＿＿＿＿＿＿

锤击：　　可用锤适当锤击两侧

其他：＿＿＿＿＿＿＿＿＿＿＿＿＿＿＿＿＿

表 1-3-2　焊接工艺评定报告

工程名称：

批准人签字：_____

焊接工艺评定报告编号：_____　日期：_____　焊接工艺指导书编号：NOH ST-20_____

焊接方法：__电弧焊__　　　　　　　　　　接头坡口形式：

机械化程度：__手工__

接头：__对接__

焊接层次（顺序）：

母材：__普通碳素结构钢__

钢材标准号：GB 10854—1989

钢号：__Q235B__

类、组别号Ⅱ-1与类、组别Ⅱ-1相焊厚度：__4mm__

直径：__φ4.0mm__

焊后热处理：_____

温度：_____

保温时间：_____

气体：_____

气体种类：_____

混合气体成分：_____

填充金属：__焊条__

焊条标准：GB/T 5117—1995

焊条牌号：__J422__

焊丝牌号：_____

焊剂牌号：_____

电特性：__交流__

电流种类：__交流__

极性：__直__

焊接电流（A）__180~220__　电压（V）__21~25__

其他：_____

焊接位置　__水平__

对接焊缝位置　__向上__　方向（向上、向下）

角焊缝位置_____

预热_____

预热温度_____

层间温度_____

技术措施：__焊前清理__

焊接速度：__30~50cm/min__

摆动或不摆动：__不摆动__

摆动参数：_____

多道焊或单道焊（每面）：__多道焊__

单丝焊或多丝焊_____

焊缝外观检查：__表面无咬边、气孔、陷塌、裂纹、烧穿、夹渣、未溶透等缺陷。__

焊缝无损检测：__符合二级焊缝标准__　　　　　　　　　　　　　　　　。

焊缝力学性能试验：__符合要求__　　　　　　　　　　　　　　　　　　。

施工单位：

2 结构件焊接方案的拟定与实施

典型工作任务描述

典型工作任务名称	结构件焊接方案的拟定与实施	适用级别：技师
典型工作任务描述		

施工方案是根据一个施工项目制定切实可行的实施方案。其中包括组织机构方案（各职能机构的构成、各自职责、相互关系等）、人员组成方案（项目负责人、各机构负责人、各专业负责人等）、质量控制方案（焊接工程检验、质量目标、质量目标分解、验收标准和检验方法、质量记录清单）、技术方案（进度安排、关键技术预案、重大施工步骤预案等）、安全方案（安全总体要求、施工危险因素分析、安全措施、重大施工步骤安全预案等）、材料供应方案（材料供应流程、接保检流程、临时（急发）材料采购流程等），此外，根据项目大小还涉及现场保卫方案、后勤保障方案等。用以指导工程施工与管理，确保优质、高效、安全、文明地完成该工程的施工任务

工作对象：	工具、材料、设备与材料：	工作要求：
（1）识读结构图及招标文件； （2）现行相关规范及标准； （3）工程任务量估算； （4）结构原材料计算； （5）工厂生产能力计算； （6）人员分配； （7）工程进度安排； （8）安全操作规程； （9）验收报告； （10）生产场地计划； （11）评价反馈材料	（1）图纸及相关资料； （2）起重设备； （3）热处理设备； （4）数控切割机； （5）刨边机； （6）矫正机； （7）组对机； （8）焊接设备； （9）角向磨光机； （10）碳弧气刨； （11）超声波探伤机。 工作方法： （1）小组讨论并拟定钢结构施工方案； （2）集体讨论确定焊接工艺； （3）制定预防焊接变形方法； （4）按岗位实施焊接； （5）焊接变形矫正； （6）焊接检验； （7）评价反馈	（1）钢结构施工方案的拟定符合相关标准要求； （2）施工过程符合安全要求； （3）按时完成任务； （4）团队协作精神； （5）安全、文明施工； （6）环保与节约。 劳动组织方式： （1）多工种协调合作； （2）教师引导全体分析并确定焊接工艺； （3）组长分配任务； （4）个人按任务实施； （5）安全员督察安全工作； （6）质检员负责质量监督

职业能力要求

（1）具备良好职业道德，提高职业素养；
（2）学会借助专业资料，掌握结构件焊接的质量要求；
（3）能进行综合结构件焊接方案的制定与实施；
（4）能独立与合作完成结构件施工方案的拟定与实施工作任务

代表性工作任务		
任务名称	任务描述	工作时间
学习任务2.1 低温钢压力容器的焊接工艺分析与实施	设计温度为-20℃以下的压力容器；液化乙烯、液化天然气、液氮和液氢等的储存和运输用容器均属低温压力容器	20学时
学习任务2.2 钛及钛合金的焊接技术	钛及钛合金是一种化学性质非常活泼的金属，在高温下对氧、氢和氮等气体具有极大的亲和力，特别是在钛及钛合金焊接过程中，这种能力伴随着焊接温度的升高更为强烈。实践证明，焊接时如果对钛及钛合金与氧、氢和氮等气体的吸收和溶解加以控制，并采用良好的焊接工艺，就可以焊接出优质的焊缝	20学时
学习任务2.3 球罐焊接方案的拟定与实施	球罐是一种先进而广泛使用的容器，一般用于储存气体、液体物料或产品。球罐的构造包括本体、支柱以及平台梯子等附属设备，球罐焊接的特点是工作量大、焊接质量要求严格、焊接工艺复杂、难度高、包括平、立、横、仰各种位置上的施焊	20学时

学习任务 2.1　低温钢压力容器的焊接工艺分析与实施

2.1.1　学习目标

（1）准确描述低温钢压力容器焊接工艺，并能进行工艺性分析。
（2）按工艺要求完成低温钢压力容器焊接。
（3）较全面叙述低温钢金属材料的焊接性。
（4）独立完成低温钢压力容器工艺的制定。

2.1.2　任务描述

设计温度为−20℃以下的压力容器；液化乙烯、液化天然气、液氮和液氢等的储存和运输用容器均属低温压力容器。通过对低温钢压力容器焊接过程的学习，明确低温钢金属材料的焊接性，并能进行焊接工艺的分析与实施。

2.1.3　工作任务

2.1.3.1　准备

（1）什么是低温钢？低温钢如何分类？
（2）低温钢的成分、组织和性能如何？
（3）低温钢有哪些技术要求？
（4）编制低温钢制压力容器（标准规范）的依据有哪些？

2.1.3.2　计划

（1）影响低温韧性的因素有哪些？
（2）低温钢的焊接性如何？

2.1.3.3　决策

（1）低温钢如何进行坡口加工？
（2）低温钢有哪些焊接方法？
（3）低温钢焊接材料如何选择？

2.1.3.4　实施

（1）进行 09MnNiDR 钢的可焊性分析。
（2）编制低温钢制压力容器的焊接工艺。
（3）确定 09MnNiDR 低温钢热处理工艺。

2.1.3.5　检查

（1）低温钢制压力容器检验标准有哪些？
（2）简述低温钢焊接裂纹、气孔的产生与预防措施。

2.1.3.6 评价

低温钢压力容器评分标准见表 2-1-1 和表 2-1-2。

表 2-1-1 低温钢压力容器评分标准——板材对接考核配分及评分标准（50分）

检查项目		配分	A		B		C		D	
			标准/mm	得分	标准/mm	得分	标准/mm	得分	标准/mm	得分
外观检查	正面焊缝余高	3	0~2	3	2~3	2	3~4	1.5	>4 或<0	0
	正面焊缝高低差	3	0~1	3	1~2	2	2~3	1.5	>3	0
	焊缝每侧增宽	3	0.5~1.0	3	1.0~2.0	2	2.0~2.5	1.5	>2.5 或<0.5	0
	焊缝宽度差	3	0~1	3	1~2	2	2~3	1.5	>3	0
	背面焊缝高度	2	0~1	2	1~2	1.6	2~3	1.2	>3	0
	咬边（深度超过0.5mm 得0分）	2	≤0.5/10	2	≤0.5/16（长）	1.6	≤0.5/20（长）	1.2	≤0.5/26（长）	0.8
	凹坑（超过2mm 得0分）	3	无	3	≤2/10（长）	2	≤2/18（长）	1.5	≤2/26（长）	0.8
	未焊透	2	无	2	有					0
	不允许缺陷（气孔、夹渣、未熔合、裂纹、焊瘤）	2	无	2	有其中之一缺陷					0
	角变形	2	0°~1°	2	1°~2°	1.6	2°~3°	1.2	>3°	0
	X射线探伤	15	Ⅰ级	15	Ⅰ级有缺欠	10	Ⅱ级	8	Ⅲ级	2
弯曲实验	面弯（50°）	5	无缺陷	5	合格	3	不合格			0
	背弯（50°）	5	无缺陷	5	合格	3	不合格			0

表 2-1-2 低温钢压力容器评分标准——管材对接焊考核配分及评分标准（20分）

检查项目		配分	A		B		C		D	
			标准/mm	得分	标准/mm	得分	标准/mm	得分	标准/mm	得分
外观检查	焊缝余高	2.5	0~1.5	2.5	1.5~3	2	3~4	1.5	>4 或<0	0
	焊缝高低差	2.5	0~1	2.5	1~2	2	2~3	1.5	>3	0
	焊缝每侧增宽	2.5	0.5~1.0	2.5	1~2	2	2~2.5	1.5	>2.5 或<0.5	0
	焊缝宽度差	2.5	0~1	2.5	1~2	2	2~3	1.5	>3	0
	咬边（深度超过0.5mm 得0分）	2.0	≤0.5/8	2.0	≤0.5/12	1.5	≤0.5/14（长）	1.0	≤0.5/16（长）	0.5
	不允许缺陷（气孔、夹渣、未熔合、裂纹、焊瘤）	2.0	无	2.0	有其中之一缺陷					0
	通球	1	过	1	不过					0
	断口试验	5	无缺陷	5	合格	3	不合格			0

2.1.3.7　题库（30 分）

（1）填空题（每题 1 分，共 10 分）。

1）在电源中点直接接地的低压电网中的用电器，可以把用电器的外壳接在中点上即
　　（　　　）。

2）低合金钢的合金元素质量分数总和为（　　　）%。

3）H08A 为碳的质量分数平均值为 0.08% 的（　　　）焊接用钢。

4）低温钢大部分是一些含（　　　）的低碳低合金。

5）珠光体耐热钢是以（　　　）为基础的具有高温强度和抗氧化性的低合金钢。

6）钢淬火并高温回火后得到的组织称为（　　　）。

7）按加热温度高低来分，消除应力退火应属于（　　　）退火。

8）抗拉强度是指材料在拉断前所承受的（　　　）应力。

9）屈服点是指材料产生（　　　）时的应力。

10）1MPa =（　　　）N/m^2。

（2）选择题（每题 1 分，共 10 分）。

1）（　　　）的室温组织为珠光体加铁素体。

　　A　过共析钢　　　　　B　低碳钢　　　　　　C　铸铁　　　　　　D　不锈钢

2）整流弧焊机进行外观质量验收时，（　　　）不属于外观检查项目。

　　A　所有紧固螺钉有无松动　　　　　　B　一次二次接线端是否裸露有无保护
　　C　该焊机有无有关认证标志　　　　　D　空载电压是否与铭牌所标一致

3）在《钢制压力容器焊接工艺评定》中规定，焊条电弧焊的补加因素中不包括
　　（　　　）。

　　A　预热温度比已经评定的合格值降低 50℃ 以上
　　B　最高层间温度比已评定的记录值高 50℃ 以上
　　C　焊条直径改为大于 6mm
　　D　非低氢型药皮焊条代替低氢型药皮焊条

4）在《钢制压力容器焊接工艺评定》中规定，（　　　）不属于埋弧焊的重要因素。

　　A　药芯焊丝牌号　　　　　　　　　　B　焊丝钢号
　　C　电流种类或极性　　　　　　　　　D　焊剂牌号

5）根据 GB 6208—1986 在《钎料牌号表示方法》规定，牌号中第一个字母（　　　）
　　表示钎料的代号。

　　A　HL　　　　　　B　QJ　　　　　　C　B　　　　　　D　H

6）在一般情况下电渣焊产生缺陷的可能性比电弧焊时（　　　）。

　　A　大得多　　　　　B　差不多　　　　　C　一样　　　　　D　小得多

7）镍及镍基合金中根据合金元素的不同有不同的名称，Ni-Cr-Fe 系列中如 Ni 含量占
　　优势称为（　　　）合金，以 600 系列数字表示。

　　A　锰镍尔　　　　B　因康镍　　　　C　因康洛依　　　　D　哈丝特洛依

8) 露天堆放时, 钢板、型材的堆放高度在有互相钩连放置时, 不应该大于钢材堆放宽度的 ( )。

   A 1 倍   B 2 倍   C 2.5 倍   D 3 倍

9) 变压器是利用 ( ) 工作的。

   A 楞次定律   B 电流磁效应原理   C 电磁感应原理   D 欧姆定律

10) 钢结构的箱形组合件用单侧焊缝连接时, 其未熔透部分的厚度不应大于 0.25 倍的板厚, 最大不大于 ( ) mm。

   A 1   B 2   C 3   D 4

(3) 判断题 (每题 1 分, 共 10 分)。

1) 低温容器用钢的冲击试验温度应大于容器或其受压元件的最低设计温度。( )

2) 变压器是利用电磁感应原理工作, 无论是升压或降压, 变压器只能改变电压而不能改变交流电的频率。( )

3) 电击是指电流通过人体内部, 破坏心脏、肺部及神经系统功能, 触电事故基本上是指电击。( )

4) 在燃料容器带压不置换焊补中如遇着火, 应立即采取消防措施, 在火未熄灭前, 应先切断可燃气体的来源, 并且降低或消除系统的压力。( )

5) 焊接弯头最常用的是利用成品钢管成钢板卷管按展开图形斜切后组合成型。( )

6) 最高反向工作电压是指二极管工作时所能承受的反向电压的峰值。( )

7) 用样板或样杆在待下料的材料上画线称号料, 此工艺用于生产批量小的构件。( )

8) 两道管对口时, 纵向焊缝应放在管道中心线垂线上半圆的 45°左右。( )

9) 从生产消耗来看产品的成本也可以认为是企业生产和销售产品支出费用的总和。( )

10) 劳动定额有两种, 即工时定额和产量定额, 两者关系是工时定额越低则产量定额也越低。( )

2.1.4 学习材料

2.1.4.1 准备

A 任务介绍

直径 4400mm、长 60m、壁厚为 34mm 的丙烯精馏塔如图 2-1-1 所示, 设计温度为−45℃。

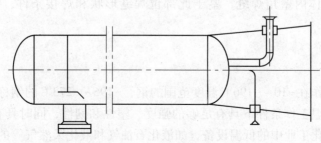

图 2-1-1 丙烯精馏塔简图

因设备上管口、内件众多，图中只画出一部分。壳体材质为 09MnNiDR，其主要承压焊缝的焊接工艺见表 2-1-3。

表 2-1-3　丙烯精馏塔焊接工艺

焊缝位置	焊接方法	焊接材料	说明
封头拼缝 壳体纵、环缝	SAW	UNION S3 Si UV-418TT	(1)
现场合拢焊缝	SMAW	W707	(2)
接管、人孔与壳体角焊缝　人孔筒体拼缝、人孔筒体与对接法兰环缝	SMAW	R307	(3)
接管与法兰环缝	GTAW	UNION I 1.2 Ni	(4)
内件与壳体内壁角焊缝	GMAW（CO_2 焊）	THYSEN TG 50Ni E81T1-Ni1	(5)

说明：

（1）壳程筒体直径较小，焊工无法钻入筒体内焊接，故壳程筒体纵、环缝只能从外侧施焊。同样，由于该设备结构方面的原因，壳程、管程筒体与管板的环缝焊接也只能从外侧进行。至于接管与对接法兰环缝，本设备中接管规格为 ϕ173mm×12mm，也无法从内侧施焊。以上焊缝需要单面焊，但又要保证质量，选用 TIG 焊打底是保证焊缝质量最有效的方法。对于壳程筒体环缝，也可采用 GTAW 打底，SMAW 再焊两道，然后 SAW 焊剩余层的方法。

（2）尽管管程筒体直径较小，但其长度很短，管程筒体纵缝、管程筒体与法兰环缝具备内侧焊条电弧焊的条件，故采用焊条电弧焊进行双面焊。

（3）接管、整体法兰与法兰盖、管板、壳体的角焊缝设备大合拢焊缝，鉴于此部位焊缝形状和焊接条件，一般选用焊条电弧焊。

（4）换热管-管板焊接是热交换设备的重要焊缝，其焊接方法有焊条电弧焊、手工钨极氩弧焊、全位置自动氩弧焊。焊条电弧焊是最早使用的焊接方法，其特点是效率高，但是质量比其他两种方法要差很多，现在基本上已被淘汰。但是在某些特殊场合，如丝堵式空冷器，其管子-管板焊接必须通过管板前的丝堵板进行焊接，这时只能采用焊条电弧焊的方法，用小直径焊条焊接，这对焊工操作技术要求很高，一般在焊前需要对焊工进行专门培训。

目前使用最广泛，质量最好的焊接方法为自动氩弧焊。本设备中换热管-管板焊接采用全位置自动氩弧焊，焊接接头形式为角焊缝。焊丝直径为 1mm，填丝焊两道。

（5）内壁与壳体内壁角焊缝，鉴于此部位焊缝形状和焊接条件，一般选用焊条电弧焊。

B　低温钢简介

a　低温钢概念

低温钢是指工作在 -10～-196℃ 温度范围的钢，-196～-273℃ 的钢称为超低温钢。主要性能特点是在低温工作条件下具有足够的强度、塑性和韧性，同时具有良好的加工性。主要用于制造石油化工业中的低温设备，如液化石油气和液化天然气等的储存和运输的容器、管道等。

b　低温钢的分类

（1）按使用温度等级分为-50～-90℃、-100～-120℃和-196～-273℃等级的低温钢。

（2）按合金元素含量和组织分为低合金铁素体低温钢、中合金低温钢和高合金奥氏体低温钢。

（3）按有无 Ni、Cr 元素分为无 Ni、Cr 低温钢和含 Ni、Cr 低温钢。

（4）按热处理方法分为非调质低温钢和调质低温钢。

c　低温钢的成分、组织和性能

低温钢的钢种很多，包括从低碳铝镇静钢、低合金高强度钢、低 Ni 钢，直到 Ni 含量为9%的钢。

低温钢大部分是接近铁素体型的低合金钢，其含碳量较低，主要通过加入 Al、V、Nb、Ti 和稀土（RE）等元素固溶强化和细化晶粒，再经过正火、回火处理获得晶粒细而均匀的组织，以得到良好的低温韧性。如果在钢中加入 Ni，可提高钢的强度，同时又可进一步改善低温韧性，但在提高 Ni 的同时要相应降低含碳量和严格控制 S、P 含量，以充分发挥 Ni 的有利作用。

d　低温钢的技术要求

对于低温钢的技术要求一般是：在低温环境下具有足够的强度和充分的韧性，具有良好的焊接工艺性能、加工性能和耐腐蚀性等。其中低温韧性，即低温下防止脆性破坏发生和扩展的能力是最重要的因素。所以，各国通常都规定出最低温度下的一定的冲击韧性值。

在低温钢成分中，一般认为，碳、硅、磷、硫、氮等元素使低温韧性恶化，其中磷的危害最大，所以在冶炼中应早期低温脱磷。锰、镍等元素能使低温韧性提高。每增加1%的镍含量，脆性临界转变温度约可降低20℃左右。

e　热处理工艺

热处理工艺对低温钢的金相组织和晶粒度有决定性影响，从而也影响钢的低温韧性。经过调质处理后的低温韧性有明显的提高。

f　低温钢制压力容器（标准规范）

国内：《钢制压力容器》（GB 150—1998），《压力容器安全技术监察规程》（TSG 21—2016），《钢制压力容器分析设计标准》（JB4732）。

国外：美国 ASME 锅炉压力容器规范Ⅷ-1、Ⅷ-2，英国《非直接受火熔焊压力容器规范》（BS 5500—1997），德国 AD《压力容器规范》，日本《压力容器基础标准》（JISB 8270—1993），日本《制冷用压力容器结构》（JISB 8240—1993），法国《压力容器构造》（CODAP—1995）。

2.1.4.2　计划

A　低温钢制压力容器-影响低温韧性因素

（1）晶体结构因素：体心立方结构的铁素体钢脆性转变温度较高，脆性断裂倾向较大；面心立方结构金属如铜、铝、镍和奥氏体钢则没有这种温度效应，即不产生低应力脆断。

（2）化学成分的影响：对低温压力容器而言，增加含碳量将增大材料的脆性，提高脆性转变温度，低温用钢含碳量不超过0.2%。锰、镍改善钢材低温韧性，少量 V、Ti、Nb、Al 弥散析出碳化物和氮化物，进行沉淀强化改善钢材低温韧性。

（3）晶粒度的影响：晶粒尺寸是影响钢低应力脆断重要因素。细晶粒使金属有较高断裂强度，且使脆性转变温度降低。

（4）夹杂物的影响：磷易产生晶界偏析，钢中的氧以各种氧化物的形式在晶界析出，显著提高钢的脆性转变温度，导致低应力脆断。

（5）热处理和显微组织影响：对钢的低应力脆断有很大影响。调质处理可以改善钢材低温韧性，但回火温度不应过高；正火处理用得最多；退火处理组织粗大，一般不采用。

（6）冷变形的影响：冷变形使钢的韧性降低，应变时效使低温韧性恶化，脆性转变温度升高。

（7）应力状态的影响：焊接接头中有裂纹存在又具有残余应力时，低应力脆断性质更为明显。

B　低温钢的焊接性

（1）无 Ni 低温钢的焊接性。无 Ni 低温钢即铁素体型低温钢，其中 $w(C) = 0.06\% \sim 0.20\%$，合金元素总质量分数不超过 5%，$CE$ 为 $0.27\% \sim 0.57\%$，焊接性良好。在室温下焊接不易产生冷裂纹，在板厚小于 25mm 时焊前不需预热；板厚超过 25mm 或接头刚性拘束较大时，应预热 $100 \sim 150℃$，注意预热温度（不可超过 200℃）过高会引起热影响区晶粒长大而降低韧性。

（2）含 Ni 低温钢的焊接性。含 Ni 较低的低温钢如 2.5Ni 和 3.5Ni 钢，虽然加入 Ni 提高了钢的淬透性，但由于含碳量限制的较低，冷裂倾向并不严重，薄板焊接时可不预热；厚板焊接时须进行 100℃ 预热。

含 Ni 高的低温钢如 9Ni 钢，淬硬性很大，焊接时热影响区产生马氏体组织是不可避免的，但由于含碳量低，并采用奥氏体焊接材料，因此冷裂倾向不大。但焊接时应注意以下几个问题：

1）正确选择焊接材料。9Ni 具有较大的线胀系数，选择的焊接材料必须使焊缝与母材线胀系数大致相近，以免因线胀系数差别太大而引起焊接裂纹。通常选用镍基合金焊接材料，焊后焊缝组织为奥氏体组织，低温韧性好，且线胀系数与 9Ni 钢接近。

2）避免磁偏吹现象。9Ni 钢具有强磁性，采用直流电源焊接时会产生磁偏吹现象，影响焊接质量。防治措施是焊前避免接触强磁场；尽量选用可以采用交流电源的镍基焊条。

3）焊接热裂纹。Ni 能提高钢材的热裂纹倾向，焊接含 Ni 钢时要注意焊接热裂纹。因此应该严格控制钢材及焊接材料中的 S、P 含量，以免因 S、P 含量偏高在焊缝结晶过程中形成低熔点共晶，而导致形成结晶裂纹。含 Ni 钢的另一个问题是具有回火脆性，因此应注意这类钢焊后回火的温度和控制冷却速度。

9Ni 钢是典型的低碳马氏体低温钢，淬硬性较大。焊前应进行正火+高温回火或 900℃ 水淬+570℃ 回火处理，其组织为低碳板条状马氏体，具有较高的低温韧性，其焊接性也优于一般低合金高强钢，板厚小于 50mm 的焊接结构焊接时不需预热，焊后可不进行消除应力热处理。

对这类易淬火的低温钢通常采用控制道间温度及焊后缓冷等工艺措施，以降低冷却速度，避免淬硬组织；采用较小的焊接热输入，避免热影响区晶粒过分长大，达到防止冷裂和改善热影响区低温韧性的目的。

2.1.4.3　决策

A　坡口加工

低温钢焊接接头的坡口形式跟普通碳素钢、低合金钢或者不锈钢的并没有什么原则区别，可以按常规处理。但是对 9Ni 钢来讲，坡口张角最好不小于 70°，钝边最好不少于 3mm。

所有低温钢材都可以用氧炔焰来切割。只是在气割 9Ni 钢时切割速度要比气割普通碳素结构钢时稍稍放慢一些。钢材厚度若超过 100mm，气割前可将割口预热到 150~200℃，但不得超过 200℃。

气割对受焊接热影响的区域并没有什么不良的影响。但是由于含镍钢具有自硬特性，割口表层会硬化。为了确保焊接接头能有令人满意的性能，施焊前最好用砂轮将割口表层打磨平整干净。

在焊接施工中倘若要除掉焊道或母材，可以采用电弧气刨。但是在重新施工之前仍旧应当把槽口表面打磨干净。

氧炔焰气刨不能采用，因为它有使钢材过热的危险性。

B　焊接方法选择

焊接低温钢时，焊条电弧焊和氩弧焊应用广泛，埋弧焊的应用受到限制，而气焊和电渣焊一般不用。

电弧焊是低温钢最常用的焊接方法，它可在各种焊接位置上施焊。其焊接热输入量约是 18~30kJ/cm 左右。倘若使用低氢型电焊条，可以得到完全令人满意的焊接接头，不但力学性能好，缺口韧性也相当优良，此外，电弧焊还有焊机简单便宜，设备投资少，可不受位置、方向的限制等优点。

低温钢埋弧焊的热输入量约有 10~22kJ/cm。由于它设备简单、焊接效率高、操作方便，所以用得很广泛。但是由于焊剂的隔热作用，会使冷却速度减慢，所以产生热裂纹的倾向性也较大，加之从焊剂中常可能有杂质和 Si 进入焊缝金属，这就会更助长这种倾向，因此在采用埋弧焊时要注意焊丝、焊剂的选配和慎重仔细地进行操作。

钨极氩弧焊（TIG 焊）通常都是手工操作，其焊接热输入量局限在 9~15kJ/cm 范围内。因此，虽然焊接接头有完全令人满意的性能，但当钢材厚度超过 12mm 时就完全不适用了。

熔化极氩弧焊（MIG 焊）是目前低温钢焊接中应用最广的自动或半自动焊接方法。它的焊接热输入量 23~40kJ/cm。根据熔滴过渡方式，它可分为短路过渡工艺（热输入量较低）、射流过渡工艺（热输入量较高）和脉冲射流过渡工艺（热输入量最高）三种。短路过渡 MIG 焊存在着熔深不够的问题，可能出现熔合不良的缺陷。其他方式 MIG 焊液存在类似问题，只是程度有所不同。为了使电弧更为集中以取得满意的熔深，可以在充当保护气体的纯氩中渗入百分之几到百分之几十的 CO_2 或 O_2。具体的加入量应针对所焊的具体钢种通过试验来确定。

为避免焊缝金属和热影响区形成粗大组织而使接头韧性降低，焊接热输入不能过大，多层焊要控制道间温度不可过高，例如焊接 06MnNbDR 低温钢时，道间温度不可超过 300℃。

C　焊接材料选择

焊条电弧焊焊接低温钢时一般选用高韧性焊条，焊接含 Ni 的低温钢所用焊条的含 Ni
量应与母材相当或稍高；埋弧焊焊接低温钢一般选用中性熔炼焊剂配合 Mn-Mo 焊丝或碱
性熔炼焊剂配合含 Ni 焊丝，也可采用 C-Mn 焊丝配合碱性非熔炼焊剂，由焊剂向焊缝过渡
微量 Ti、B 合金元素，以保证焊缝获得良好的低温韧性。

2.1.4.4　实施

A　09MnNiDR 低温容器焊接

a　09MnNiDR 钢的可焊性分析

09MnNiDR 钢属于低温钢，最低使用温度为-70℃，通常以正火或正火加回火状态供
货。09MnNiDR 钢含碳量较低，因此淬硬倾向和冷裂倾向都比较小，材质韧性和塑性较
好，一般不易产生硬化和裂纹缺陷，可焊性好，可选用 E81T1-Ni1 氩弧焊丝与 W707Ni 焊条，
采用氩电联焊，或选用 E81T1-Ni1 氩弧焊丝，采用全氩弧焊焊接，以保证焊接接头良好的韧
性。氩弧焊焊丝与焊条的品牌也可选用性能相同的产品，但须得到业主的同意方可使用。

b　焊接工艺

（1）接管的焊接。焊接中，对直径小于 76.2mm 的管道采用 I 形口对接，全氩弧焊接；
对于直径大于 76.2mm 的管道开 V 形坡口，采用氩弧打底多层填充的氩电联焊的方法或全氩
弧焊的方法。具体做法按照业主批准的 WPS 中管径和管壁厚度的不同而选用相应的焊接
方法。

（2）壁板的焊接。为减小热输入，焊条电弧焊通常采用小直径焊条（一般不大于 4mm）、
用尽量小的焊接电流，采用多层多道焊，每一焊道焊接时采用快速不摆动的操作方法。

快速多道焊可避免焊道过热，多层焊时后续焊道对前焊道的再次加热作用可细化
晶粒。

低温钢焊条电弧焊平焊时的焊接参数见表 2-1-4。其他位置焊接时焊接电流应减
小 10%。

在横焊、立焊和仰焊时，为保证焊缝成型并与母材充分熔合，可做必要的摆动，例如
采用"之"字形运条方法，但应控制电弧在坡口两侧的停留时间，收弧时要将弧坑填满。

表 2-1-4　低温钢焊条电弧焊平焊时的焊接参数

焊缝金属类型	焊条直径/mm	焊接电流/A	焊接电压/V
铁素体-珠光体型	3.2	90~120	23~24
	4.0	140~180	24~26
Fe-Mn-Al 奥氏体型	3.2	80~100	23~24
	4.0	100~120	24~25

B　09MnNiDR 低温钢热处理工艺

（1）焊前预热。当环境温度低于 5℃时需对焊件进行预热，预热温度为 100~150℃；
预热范围是焊缝两侧各 100mm；用氧乙炔焰（中性焰）加热，测温笔在距焊缝中心 50~

100mm 处测量温度，测温点均匀分布，以更好地控制温度。

（2）焊后热处理。为了改善低温钢的缺口韧性，一般采用的材料都已经调质处理，焊后热处理不当，常常会使其低温性能变坏，应当引起足够的重视。因此除了焊件厚度较大或拘束条件很严酷的条件外，低温钢通常都不进行焊后热处理。如在一些项目中确需进行焊后热处理，焊后热处理的加热速率、恒温时间及冷却速率必须严格按以下规定执行：

1）当温度升至 400℃ 以上时，加热速率不应大于 205×25/δ℃/h，且不得大于 330℃/h。

2）恒温时间应为每 25mm 壁厚恒温 1h，且不得小于 15min，在恒温期间最高与最低温差应低于 65℃。

3）恒温后冷却速率不应大于 65×25/δ℃/h，且不得大于 260℃/h，400℃ 以下可自然冷却。

4）采用电脑控制的 TS-1 型热处理设备。

C　焊接注意事项

（1）按规定严格预热，控制层间温度，层间温度控制在 100~200℃。每条焊缝应一次焊完，若中断，应采取缓冷措施。

（2）焊件表面严禁电弧擦伤，收弧应将弧坑填满并用砂轮磨去缺陷，多层焊的各层间接头要错开。

（3）严格控制线能量，采用小电流、低电压、快速焊。直径 3.2mm 的 W707Ni 焊条每根焊接长度必须大于 8cm。

（4）必须采用短弧、不摆动的操作方式。

（5）必须采用全焊透工艺，并严格按照焊接工艺说明书和焊接工艺卡的要求进行。

（6）焊缝余高 0~2mm，焊缝每侧增宽 ≤2mm。

（7）焊缝外观检测合格后，至少 24h 后方可进行无损检测。管道对接焊缝执行 JB 4730—1994。

（8）执行《压力容器：压力容器无损检测》标准，Ⅱ 级合格。

（9）焊缝返修应在焊后热处理前进行，若热处理后须返修，则返修后，焊缝要重新进行热处理。

（10）若焊缝表面成型几何尺寸超标，允许修磨，且修磨后其厚度不得小于设计要求。

（11）对于一般的焊接缺陷最多允许两次返修，若两次返修仍不合格，则需切除这道焊缝，按照完整的焊接工艺重新施焊。

2.1.4.5　检查

A　检验标准

（1）质量检验标准。质量检验标准按设计要求或设计指定的施工验收规范的标准执行。（一般情况可参照《钢制压力容器》（GB 150—1998）附录 C 和《石油化工低温钢焊接规程》（SH3525））。

（2）焊后检验。施焊前检验、焊接过程检验参照《通用部分焊接施工工艺标准》。

B　焊缝缺陷和预防措施

a　裂纹

（1）产生原因。主要发生在使用含氢量较高的焊条和预热温度不足的情况下。在焊接时，焊接材料中的水分，焊件坡口表面的油污、铁锈以及空气温度等都是金属中富氢的主要原因。

（2）预防措施：

1）焊前预热是防止延迟裂纹产生的非常有效的措施；

2）在焊接时，焊接材料必须按照标准规范进行烘干，焊件坡口表面的油污、铁锈必须清理干净；

3）采取焊后加热（即后热）或将预热温度在焊后仍保持一段时间，这样延长了冷却时间，降低了钢的淬硬倾向，降低了焊接接头的残余应力，限制了马氏体的百分含量，同时也使扩散氢能充分从焊缝中逸出；

4）采用合理的焊接顺序。

b　未熔合

（1）产生原因。未熔合的起因有很多。通常可能是由于焊工操作焊条不当。有些焊接方法更容易产生未熔合，因为加热不够集中，导致金属不能充分熔化。另外，接头形状可能会限制熔合，比如对所用的焊接工艺和焊条直径，坡口的角度不够。另外，端面的污物，包括氧化皮和氧化层也会影响焊缝的熔合。

（2）预防措施：

1）焊工必须全神贯注在每一位置引导焊弧。否则，有些区域的金属就不能熔化熔合；

2）电流控制严格按照 WPS 进行控制。

c　杂质

（1）产生原因。夹渣由于在焊缝截面或表面中，由于保护熔化金属的焊剂残留在固化金属中而形成夹渣。固态的焊剂、渣存在于焊缝截面中的一部分，从而使金属不能熔化，渣可发生在焊缝与母材之间或是在焊道之间。

（2）防范措施：

1）对焊工进行技术交底，避免焊接参数不当、焊工操作不当而形成的夹渣，比如运条不当和焊道间清理不干净可导致夹渣；

2）钨极与焊接熔池接触，电弧熄灭，熔化的金属沿着钨极的端部凝固，移开钨极时，钨极端部很容易断裂，施工人员必须打磨，去除钨。

d　气孔

（1）产生原因。气孔通常是由于焊接区域有潮气或有杂质，由于焊接加热而分解形成气体造成的。这些杂质和潮气来自焊条，母材，保护气体或周边环境。

（2）防范措施：焊工施焊时注意防风挡雨措施，恶劣天气下应对母材进行烘干。

e　咬边

（1）产生原因：

1）由于在焊接过程中母材熔化后，没有足够的填充材料适当的填入所引起的缺陷而造成的；

2）咬边通常是由于不正确的焊接技艺所引起的。特别是如果当焊接运行速度太快，与焊缝连接的母材金属的熔化所引起的凹穴没有充足的填充金属适当的填入，咬边更易产生。当焊解热过高，引起母材金属过多熔化，或当运条不当，咬边也可产生。

（2）防范措施：建立焊工动态合格率跟踪表，对于合格率不能保证在96%的人员停止作业，进行再培训，合格后方可上岗。

2.1.4.6　评价

A　外观

（1）焊缝应与母材圆滑过渡，焊缝表面不允许有裂纹、气孔、夹渣、飞溅、弧坑、咬边等缺陷。

（2）焊缝余高。

1）管道：$e \leqslant 1+0.1b$，且不大于3mm（e、B位置如图2-1-2所示）。

2）压力容器：A、B类焊缝余高不得大于焊件厚度10%，且不大于3mm。

（3）角焊缝焊脚高度不得低于设计要求，焊缝表面不得向外凸起，凸起部分应磨平。

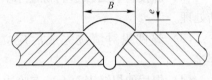

图2-1-2　接头形式

（4）焊缝宽度以每侧超过坡口1~2mm为宜。

B　硬度检验

（1）焊缝热处理后硬度检验的数量、合格标准应符合设计或设计指定规范标准的要求。

（2）硬度测定时硬度计应选用无压痕式。

（3）一般情况下焊缝硬度值不宜超过母材布氏硬度值的25%。

C　无损探伤

（1）无损探伤检测方法、检测数量、合格标准及要求应按设计规定或设计指定的检测标准（施工验收规范）执行。

（2）压力容器按 GB 150—1998 附录 C《低温压力容器》第 C4.6 条款执行

（3）管道按《石油化工低温钢焊接规程》SH3525 第 6.2 条款执行。

（4）设备或管道的表面探伤按《石油化工低温钢焊接规程》SH3525 第 6.2 条款执行。

（5）焊缝内部缺陷的无损检测应优先选用射线探伤方法，且符合国家现行的《压力容器无损检测》（JB4730）的规定。

（6）无损探伤检验应在焊接完成24h后进行，且焊缝必须经外观检查合格。

学习任务2.2　钛及钛合金的焊接技术

2.2.1　学习目标

（1）能选择钛及钛合金焊丝。

（2）按技术要求完成钛及钛合金氩弧焊接。

（3）能较全面叙述钛及钛合金氩弧焊焊接要领并制定合理工艺。

（4）独立完成氩弧焊工艺卡的填写。

2.2.2　任务描述

钛及钛合金是一种化学性质非常活泼的金属，在高温下对氧、氢和氮等气体具有极大的亲和力，特别是在钛及钛合金焊接过程中，这种能力伴随着焊接温度的升高更为强烈。实践证明，焊接时如果对钛及钛合金与氧、氢和氮等气体的吸收和溶解加以控制，并采用良好的焊接工艺，就可以焊接出优质的焊缝。

2.2.3　工作任务

对接接头如图 2-2-1 所示，其技术要求为：

（1）焊接接头的坡口面必须采用机械方法加。

（2）焊接材料必须进行除氢和严格的清洁处理。

（3）焊件组对清洗完成后应立即进行焊接。

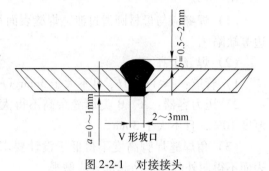

图 2-2-1　对接接头

（4）焊后的焊缝表面不准有咬边、气孔、弧坑和裂纹等缺陷。

2.2.3.1　准备

（1）钛和钛合金如何分类？

（2）氢对钛和钛合金焊接性能的影响有哪些？

（3）钛和钛合金焊接时为什么会出现冷裂纹？

（4）钛和钛合金焊接时为什么会出现气孔，应如何防止？

2.2.3.2　计划

（1）TC2 钛合金的焊接性如何？

（2）叙述钛和钛合金焊前清理工艺。

（3）钛和钛合金坡口形式有哪些？

2.2.3.3　决策

（1）钛合金焊接材料是如何选择的？

（2）钛合金焊接时氩气流量是如何选择的？

（3）钨极氩弧焊焊接钛和钛合金时有哪些保护措施？

2.2.3.4　实施

（1）进行钛合金焊接工艺参数的选择。

（2）确定 TC2 薄板钛合金钨极氩弧焊焊缝分布原则。

（3）填写 TC2 薄板钛合金手工钨极氩弧焊焊接工艺卡（表 2-2-1）。

（4）叙述 TC2 薄板钛合金手工钨极氩弧焊操作要领。

（5）焊后热处理的目的是什么？

表 2-2-1 钛合金手工钨极氩弧焊焊接工艺卡

焊接工艺卡		产品型号			
		零件名称		共 1 页	第 1 页
		主要组成件			
		序号	名称	材料	件数

工序内容	板材厚度 δ/mm	钨极直径 /mm	喷嘴直径 /mm	氩气流量 /L·min⁻¹	焊接电流/A	电流极性	焊丝直径/mm

						编制	审核	批准	会签	

2.2.3.5 检查

（1）外观检查符合 GB/T 13149—2009《钛及钛合金复合钢板焊接技术要求》。

（2）射线探伤符合 JB 4730—2005《承压设备无损检测》。

（3）力学性能试验符合 GB/T 13149—2009《钛及钛合金复合钢板焊接技术要求》。

2.2.3.6 评价

填写钛合金焊缝质量评价表（表 2-2-2）。

表 2-2-2 钛合金焊缝质量评价表

焊缝外观尺寸评价标准（正、背面）		70 分		得 分				
检查 项目	评判标准 及得分	评判等级				个人 评价	小组 评价	总评
		Ⅰ	Ⅱ	Ⅲ	Ⅳ			
焊缝 余高	尺寸标准/mm	0~0.5	>0.5~1	>1~2	<0，>3			
	得分	10 分	8 分	6 分	4 分			
焊缝 高度差	尺寸标准/mm	≤0.5	>0.5~1	>1~2	>2			
	得分	10 分	8 分	6 分	4 分			
焊缝 宽度	尺寸标准/mm	7~9	6~10	5~11	<4，>12			
	得分	10 分	8 分	6 分	4 分			
焊缝 宽度差	尺寸标准/mm	≤1.5	>1.5~2	>2~3	>3			
	得分	10 分	8 分	6 分	4 分			

焊缝外观尺寸评价标准（正、背面）　70分					得 分			
检查项目	评判标准及得分	评判等级				个人评价	小组评价	总评
		I	II	III	IV			
焊接缺陷	尺寸标准/mm	无缺陷	1处	2处	>2处			
	得分	10分	8分	6分	4分			
外观成形	标准	优	良	中	差			
	得分	10分	8分	6分	4分			
变形	尺寸标准/mm	0	0~1	1~2	>2			
	得分	10分	8分	6分	4分			

焊道颜色	保护效果	质量
银白色	优	合格
金黄色	良	合格
紫色（金属光泽）	低温氧化，表面污染	合格
蓝色（金属光泽）	高温氧化，污染严重，焊缝性能下降	不合格
灰色（金属光泽）	保护不好	不合格
暗灰色		
灰白色		
黄白色		

2.2.3.7　题库（30分）

（1）填空题（每题1分，共10分）。

1）钛及钛合金熔焊时，在（　　）以上的焊接热影响区极容易氧化。

2）尽量降低（　　）是安排堆焊工艺的重要出发点。

3）镍及镍合金用不同系列数字进行分组，第一位数字是奇数的合金属于（　　）的合金。

4）钛及钛合金的热导率比铁、铝等金属（　　）。

5）对定位器的技术要求是耐磨、有足够的（　　）以及制造和安装精度。

6）钛及钛合金的焊接性表现在焊接热裂纹、气孔及焊接区的（　　）等方面。

7）焊接镍基耐蚀合金时，为保证接头的熔透，需采用大（　　）和小钝边的接头形式。

8）与焊接钢相比，焊接钛及钛合金具有（　　）的特点，一般不宜采用大热输入量进行焊接。

9）焊接镍基耐蚀合金因固液相温度间距小、流动性低，在焊接快速冷却条件下极易产生（　　）。

10）以铝、钛为主要合金元素的沉淀硬化镍合金，若焊后的残余应力较大时，易产生（　　）裂纹。

（2）选择题（每题 1 分，共 10 分）。

1）可以沉淀强化的镍基耐蚀合金是（　　）。

　A 镍 200　　　　　B 蒙镍尔 400　　　　　C 坡曼镍 300　　　　　D 因康洛依 800

2）铸造镍基耐蚀合金的焊接需要预热（　　）℃。

　A 50~100　　　　B 80~120　　　　　C 100~250　　　　　D 250~300

3）采用钨极气体保护电弧焊，不填丝焊接薄的镍合金时，用氢气作保护气体，可以使焊接速度比用氩气时高（　　）% 。

　A 20　　　　　　B 30　　　　　　　C 40　　　　　　　D 50

4）钨极气体保护电弧焊焊接镍基耐蚀合金时，（　　）电极可保证电弧稳定与足够的熔深。

　A 平头　　　　　B 方头　　　　　　C 圆　　　　　　　D 尖头

5）（　　）主要用作镍 200 及镍 201 的焊丝。

　A 蒙镍尔 60　　　B 因康镍 62　　　　C 镍 60　　　　　　D 镍 61

6）（　　）主要用于蒙镍尔 400 及蒙镍尔 401 的焊接。

　A 因康镍 62　　　B 因康镍 69　　　　C 蒙镍尔 60　　　　D 蒙镍尔 61

7）采用熔化极气体保护电弧焊焊接镍基耐蚀合金时，短路过渡一般用（　　）mm 或者直径更小的焊丝。

　A 0.8　　　　　　B 1.0　　　　　　C 1.2　　　　　　D 1.6

8）钨极氩弧焊焊接镍基耐蚀合金时，其氩气的纯度应是（　　）% 。

　A 99.8　　　　　B 99.85　　　　　C 99.9　　　　　　D 99.95

9）在焊接接头中，组织和性能变化最明显的是（　　）。

　A 焊缝金属　　　B 热影响区　　　　C 母材　　　　　　D 熔合区

10）脆性断裂的裂口一般呈（　　）。

　A 有亮点　　　　B 纤维状　　　　　C 金属光泽　　　　D 灰黑色

（3）判断题（每题 1 分，共 10 分）。

1）钛及钛合金焊接时，最常见的缺陷是气孔。（　　）

2）在铁碳平衡状态图中，GS 线表示钢在快速冷却时，由奥氏体开始析出铁素体的温度。（　　）

3）以铝、钛为主的沉淀硬化镍合金，焊接时拘束度要小，尽量采用小的线能量。（　　）

4）Q235-A 与 Q235-B 的区别，除后者成分控制较严外，后者还需作冲击试验。（　　）

5）当图中的剖面符号是与水平方向成 45°的细实线时，则知零件是非金属材料。（　　）

6）通常剖视图是机件剖切后的可见轮廓的投影。（　　）

7）变压器能改变直流电压的大小。（　　）

8）在并联电路中，并联电阻越多，其总电阻越小。（　　）

9）钛及钛合金在低温、室温和高温下，都具有优良的综合性能。（　　）

10）串联电阻电路上电压的分配与各电阻的大小成反比。（　　　）

2.2.4　学习材料

2.2.4.1　准备

A　钛和钛合金的分类及性能

a　工业纯钛

牌号：TA1、TA2。

性能：银白色；$T<882℃$ 时晶体结构为密排六方晶体结构，即 α 钛，$T \geqslant 882℃$ 时晶体结构为体心立方晶体结构，即 β 钛；σ_s、σ_b 较低，塑性韧性较好；易氧化，表面形成致密而坚韧的氧化层（自然钝化）。

b　钛合金

（1）α 型钛合金。

牌号 TA：TA6(Ti-5Al)、TA7(Ti-5Al-2.5Sn)。

性能及成分：Al-α 稳定化元素（扩大 α 区范围），固溶强化，N、O、C 也属 α 相稳定元素，但随含量增加强度增大，不能作热处理强化；强度较高，高温性能好，组织稳定，焊接性好。

（2）β 型钛合金。

牌号 TB：TB1(Ti-3Al-8Mo-11Cr)。

性能及成分：1）β 相稳定元素有三种，与 β 相无限固溶、与 α 相有限固溶的 V 和 Mo；与 α 相固溶，且有共析转变 Co、Cr、Ti、Mn；在 α 与 β 相内均形成置换固溶体的 Zr 和 Hf。2）通常作高强度高韧性材料使用。优良的冲压性能，并可通过淬火和时效进行强化。3）热稳定性较差，不宜在高温下使用。

（3）（α+β）型钛合金。

牌号 TC：TC4(Ti-6Al-4V)、TC1(Ti-2Al-1.5Mn)。

成分及性能：1）Al 溶于 α 相，主要强化 α 相，也少量溶于 β 相，强化 β 相。β 相主要靠 β 相强化元素 V 和 Mn。2）固溶强化+时效热处理强化。3）退火后具有极好的断裂韧性。4）比强度较高。

B　钛和钛合金的焊接性

a　气体及杂质污染对焊接性能的影响

在常温下，钛及钛合金是比较稳定的。但试验表示，在焊接过程中，液态熔滴和熔池金属具有强烈吸收氢、氧、氮的作用，而且在固态下，这些气体已与其发生作用。随着温度的升高，钛及钛合金吸收氢、氧、氮的能力也随之明显上升，大约在 250℃ 左右开始吸收氢，从 400℃ 开始吸收氧，从 600℃ 开始吸收氮，这些气体被吸收后，将会直接引起焊接接头脆化，是影响焊接质量的极为重要的因素。

（1）氢的影响。氢是气体杂质中对钛的力学性能影响最严重的因素。焊缝含氢量变化对焊缝冲击性能影响最为显著，其主要原因是随缝含氢量增加，焊缝中析出的片状或针状 TiH_2 增多。TiH_2 强度很低，故片状或针状 TiH_2 的作用类似缺口，使冲击性能显著降低；焊缝含氢量变化对强度的提高及塑性的降低作用不很明显。

（2）氧的影响。氧在钛的 α 相和 β 相中都有较高的溶解度，并能形成间隙固溶相，随焊缝含氧量的增加，钛及钛合金的硬度和强度提高，而塑性却显著降低。为了保证焊接接头的性能，除了在焊接过程中严防焊缝及焊接热影响区发生氧化外，同时还应限制基本金属及焊丝中的含氧量。

（3）氮的影响。在 700℃ 以上的高温下，氮和钛能发生剧烈作用，形成脆硬的氮化钛（TiN）。而且氮与钛形成间隙固溶体时所引起的晶格扭曲程度，比氧引起的后果更为严重，因此，氮对提高工业纯钛焊缝的抗拉强度和硬度、降低焊缝的塑性性能比氧更为显著。

（4）碳的影响。碳也是钛及钛合金中常见的杂质，实验表明，当碳质量分数为 0.13% 时，碳因溶在 α 钛中，焊缝强度极限有些提高，塑性有些下降，但不及氧氮的作用强烈。但是当进一步提高焊缝含碳量时，焊缝却出现网状 TiC，其数量随碳含量增高而增多，使焊缝塑性急剧下降，在焊接应力作用下易出现裂纹。因此，钛及钛合金母材的碳质量分数不大于 0.1%，焊缝含碳量不超过母材含碳量。

b　焊接接头裂纹问题

钛及钛合金焊接时，焊接接头产生热裂纹的可能性很小，这是因为钛及钛合金中 S、P、C 等杂质含量很少，由 S、P 形成的低熔点共晶不易出现在晶界上，加之有效结晶温度区间窄小，钛及钛合金凝固时收缩量小，焊缝金属不会产生热裂纹。

钛及钛合金焊接时，热影响区可出现冷裂纹，其特征是裂纹产生在焊后数小时甚至更长时间，称为延迟裂纹。经研究表明这种裂纹与焊接过程中氢弹的扩散有关。焊接过程中氢由高温熔池向较低温的热影响区扩散，氢含量的提高使该区析出 TiH_2 量增加，增大热影响区脆性，另外由于氢化物析出时体积膨胀引起较大的组织应力，再加上氢原子向该区的高应力部位扩散及聚集，以致形成裂纹。防止这种延迟裂纹产生的办法，主要是减少焊接接头氢的来源。

c　焊缝中的气孔问题

钛及钛合金焊接时，气孔是经常碰到的问题。形成气孔的根本原因是由于氢的影响，氢在高温时溶入熔池，冷却结晶时过饱和的氢来不及从熔池溢出时便在焊缝中聚集形成气孔。氢在钛中的溶解度随着液体温度的升高反而下降，并在凝固温度时发生溶解度突变。焊接时熔池中部比熔池边缘的温度高，使熔池中部的氢除向气泡核扩散外，同时也向熔合线扩散，因此，氢气孔多数产生在焊缝中部和熔合线。焊缝金属形成气孔主要影响到接头的疲劳强度。防止产生气孔的工艺措施主要有：

（1）保护氩气要纯，纯度应不低于 99.99%，焊炬上通氩气的管道不宜采用橡皮管，以尼龙软管为好。

（2）彻底清除焊件表面、焊丝表面上的氧化皮油污等有机物，严格限制原材料中氢、氧、氮等杂质气体的含量，焊前对焊丝进行针孔去氢处理来改善焊丝的含氢量和表面状态。

（3）尽量缩短焊件清理后到焊接的时间，一般不要超过 2h，否则要妥善保存，以防吸潮。

（4）对熔池施以良好的气体保护，控制好氩气的流量及流速，防止产生紊流现象，影响保护效果。

（5）正确选择焊接工艺参数，延长熔池停留时间，以便于气泡溢出，控制氩气的流量，防止紊流现象，尽可能有效地减少气孔。

d　粗晶倾向

钛的熔点高，热容量大，导热性差，因此，在焊接时容易形成较大的熔池，并且熔池的温度很高，这使得焊缝及热影响区金属在高温的停留时间比较长，晶粒长大倾向比较大，使接头塑性和断裂韧性降低。长大的晶粒难以用热处理的方法恢复，所以焊接时应该严格控制焊接的热输入量。为了避免 α 相和 β 相产生不良结合以及避免 W 相的形成，应该采用较大的线能量。

e　焊接变形

钛的弹性模量比不锈钢小，在同样的焊接应力条件下，钛和钛合金的焊接变形是不锈钢的 1 倍，因此焊接时应该采用垫板和压板将待焊件压紧，以减少焊接变形。此外，垫板和压板还可以传导焊接区的热量，缩短焊接区的高温停留时间，减小焊缝的氧化。

2.2.4.2　计划

A　TC2 钛合金的焊接性

TC2 钛合金的焊接性较好，它们可以在退火状态或固溶时效状态下焊接，焊接接头具有满意的性能。TC2 钛合金焊接接头的组织与性能，除了与母材的原始成分和组织形态有关外，还与焊接热循环有很大关系。当焊接线能量增加时，使接头最高加热温度升高，高温停留时间增长，冷却速度减慢，热影响区范围扩大，促使 β 晶粒严重过热长大，从而导致接头塑性下降。采用较小的焊接线能量，可以减小缝和热影响区的脆性，提高接头的性能。多数 TC2 钛合金的焊缝塑性低，就是在焊缝及热影响区中存在相变的缘故。

B　焊前清理

钛和钛合金焊接接头的质量在很大程度上取决于焊件和焊丝的焊前清理，当清理不彻底时，会在焊件和焊丝表面形成吸气层，并导致焊接接头形成裂纹和气孔，因此，焊接前应对焊件坡口及其附近区域至少 20mm 范围内的油污、水分等进行彻底的清理，清理通常采用机械清理和化学清理。

（1）机械清理。采用剪切、冲压和切割下料的工件均需要焊前对其接头边缘进行机械清理。对于焊接质量要求不高或酸洗有难度的焊件，可以用细纱布或不锈钢丝刷擦拭，或用硬质合金刮刀削待焊边缘去除表面氧化膜，刮深 0.025mm 即可。然后用丙酮或乙醇、四氯化碳或甲醇等溶剂去除坡口两侧的手印、有机物及焊丝表面的油污等。在除油时需要使用厚棉布、毛刷或人造纤维刷刷洗。

（2）化学清理。如果钛板热轧后已经酸洗，但由于存放太久又生成新的氧化膜时，可在室温条件下将钛板浸泡在 $HF(2\% \sim 4\%) + HNO_3(30\% \sim 40\%) + H_2O$（余量）的溶液中 15～20min，然后用清水冲洗干净并烘干。对于热轧后未经酸洗的钛板，由于其氧化膜较厚，应先进行碱洗，碱洗时，将钛板浸泡在含烧碱 80%、碳酸氢钠 20% 的浓碱水溶液中 10～

15min，溶液的温度保持在 40~50℃，碱洗后取出冲洗，再进行酸洗。酸洗液的配方为：每升溶液中硝酸 55~60mL，盐酸 340~350mL，氢氟酸 5mL，酸洗时间为 10~25min（室温下浸泡），取出后分别用热水，冷水冲洗，并用白布擦拭、晾干。经酸洗的焊件、焊丝应在 4h 内用完，否则要重新进行酸洗。焊丝可放在温度为 150~200℃ 的烘箱内保存，随用随取，取焊丝应戴洁净的白手套，以免污染焊丝。

　　C　坡口的制备与装配

　　为减少焊缝的累积吸气量，在选择坡口形式及尺寸时，应尽量减少焊接层数和填充金属量，以防止接头塑性的下降。钛和钛合金的坡口形式及尺寸见表 2-2-3。搭接接头由于其背面保护困难，接头受力条件差，而尽可能不采用，一般也不采用永久性带垫板对接。对于母材厚度小于 2.5mm 的 I 形坡口对接接头，可以不添加填充焊丝进行焊接。对于厚度更大的母材，则需要开坡口并添加填充金属，一般应尽量采用平焊。采用机械方法加工坡口，由于接头内可能留有空气，因而对于接头装配的要求必须比焊接其他金属高。在钛板的坡口加工时最好采用刨、铣等冷加工工艺。以减少热加工时容易出现的坡口边缘硬度增高的现象，减少机械加工时的难度。

表 2-2-3　钛和钛合金的坡口形式及尺寸

坡口形式	板厚 δ/mm	坡口尺寸		
		间隙/mm	钝边/mm	角度/(°)
I 形	0.25~2.3	0	—	—
	0.8~3.2	0~0.1δ	—	—
V 形	1.6~6.4	0~0.1δ	0.1~0.25δ	30~60
	3.0~13			30~90
X 形	6.4~38	0~0.1δ	0.1~0.25δ	30~90
U 形	6.4~25			15~30
双 U 形	19~51			15~30

　　从上表中可以看出，对于 δ=3mm 的 TC2 钛合金焊接时常采用 I 形坡口或 V 形坡口，当采用 I 形坡口时，坡口间隙为 0~0.3mm；当采用 V 形坡口时，坡口间隙为 0~0.3mm，钝边高度为 0.1~0.75mm，坡口角度为 30°~60° 为宜。

　　由于钛的一些特殊的物理性能，如表面张力系数大，熔融状态黏度小，使得焊前必须对焊接进行仔细的装配。点固焊是减少焊接变形的措施之一，一般焊点间距为 100~150mm，其长度约 10~15mm。点固焊所用的焊丝、焊接工艺参数及保护气体条件与正式焊接时相同，在每一点固焊点停弧时，应延时关闭氩气，同时装配时应严禁使用铁器敲击划伤待焊工件表面。

2.2.4.3　决策

　　A　焊接材料的选择

　　（1）氩气：适用于钛合金焊接的氩气为一级氩气，其纯度应不低于 99.99%，露点在 -40℃ 以下，杂质总的质量分数小于 0.001%，相对湿度小于 5%，水分小于 0.001mg/L，焊接过程中当氩气瓶中的压力降至 0.981MPa 时，应停止使用，以防止影响焊接接头质量。

（2）焊丝：原则上应选择与基本金属成分相同的钛丝，有时为了提高焊缝金属塑性，也可选用强度比基本金属稍低的焊丝。焊接 TC2 钛合金时，为提高焊缝塑性，可选用纯钛焊丝，此时接头的效率低于 100%，焊丝中的杂质含量应比母材金属的低很多，仅为一半左右，如氧不超过 0.12%，氮不超过 0.03%，氢不超过 0.006%，碳不超过 0.04%。焊丝表面不得有烧皮、裂纹、氧化膜、金属或非金属夹杂等杂质缺陷存在，同时注意焊丝在焊接前必须进行彻底清理，否则焊丝表面的油污等杂质可能成为焊缝金属的污染源。

B　氩气流量的选择

氩气流量的选择以达到良好的焊接表面色泽为准，过大的流量不易形成稳定的气流层，而且增大焊缝的冷却速度，容易在焊缝表面出现钛马氏体，拖罩中的氩气流量不足时，焊接接头表面呈现不同的氧化色泽，而流量过大时，将对主喷嘴的气流产生干扰。焊缝背面的氩气流量过大也会影响正面第一道焊缝的气体保护效果。

焊接时焊缝表面是否保护良好，可根据焊缝表面的颜色进行判断，表 2-2-4 表示了焊缝不同颜色时氩气的保护情况及对焊缝质量的影响。

表 2-2-4　氩气的保护情况及对焊缝质量的影响

焊缝表面颜色	氩气保护情况	焊缝质量
银白色	良好	良好
金黄色	尚好	对焊缝质量没有影响
蓝色	一般	焊缝表面氧化，焊缝区表面塑性稍有下降，但不影响焊接质量
青紫色	较差	焊缝氧化严重，塑性显著降低
暗灰色	极差	焊缝完全氧化，焊接区完全脆化，易产生裂缝、气孔、渣等缺陷

焊缝和热影响区的表面色泽是保护效果的标志，钛材在电弧作用后，表面形成一层氧化膜，不同温度下所形成的氧化膜颜色是不同的。一般要求焊后表面最好为银白色，其次为金黄色。

C　气体保护

由于 TC2 钛合金对空气中的氧、氮、碳等气体具有很强的亲和力，因此，必须在焊接区采取良好的保护措施，以确保焊接熔池及温度超过 350℃ 的热影响区的正反面与空气隔绝。采用钨极氩弧焊焊接钛和钛合金的保护措施及其适用范围见表 2-2-5。焊缝的保护效果除了和氩气纯度、流量、喷嘴与焊件间距离、接头形式等因素有关外，决定因素是焊炬、喷嘴的结构形式和尺寸。钛的导热系数小，焊接熔池尺寸大，因此，喷嘴的孔径也应相应增大，以扩大保护区的面积。如果喷嘴的结构不合理，则会出现紊流和挺度不大的层流，两者都会使空气混入焊接区。为了改善焊缝金属的组织，提高焊缝热影响区的性能，可采用增大焊缝冷却速度的方法，即在焊缝两侧或焊缝背面设置空冷或水冷铜压板。

表 2-2-5　钨极氩弧焊焊接钛和钛合金的保护措施及其适用范围

类别	保护位置	保护措施	用途及特点
局部保护	熔池及其周围	采用保护效果好的圆柱形或椭圆形喷嘴，相应增加氩气流量	适用于焊缝形状规则、结构简单的焊件，操作方便，灵活性大
	温度大于等于400℃的焊缝及热影响区	（1）附加保护罩或双层喷嘴； （2）焊缝两侧吹氩； （3）适应焊件形状的各种限制氩气流动的挡板	
	温度大于等于400℃的焊缝背面及热影响区	（1）通氩气的垫板或焊件内腔充氩； （2）局部通氩； （3）紧靠金属板	
充氩箱体保护	整个工件	（1）柔性箱体（尼龙薄膜、橡胶等）采用不抽真空多次充氩的方法提高箱体内的氩气纯度，但焊接时仍需喷嘴保护； （2）刚性箱体或柔性箱体附加刚性罩，采用抽真空（$10^{-2} \sim 10^{-4}$）再充氩的方法	适用于结构形状复杂的焊件，焊接可达性较差
增强冷却	焊缝及热影响区	（1）冷却块（通水或不通水）； （2）用适用焊件形状的工装导热； （3）减小热输入	配合其他保护措施以增强保护效果

对已脱离喷嘴保护区，但仍在 350℃以上的焊缝热影响区表面，仍需继续进行保护，通常采用通有氩气流的拖罩，拖罩的长度为 100~180mm，宽度 30~40mm，具体长度可根据焊件形状、板厚、焊接工艺参数等条件决定，但要使温度处于 350℃以上的焊缝及热影响区的金属得到充分的保护。拖罩外壳的四角应圆滑过渡，要尽量减少死角，同时焊件应与焊件表面保持一定的距离。

焊接长焊缝，当焊接电流大于 200A 时，在拖罩帽沿处需设置冷却水管，以防拖罩过热，甚至烧坏铜丝和外壳。钛和钛合金薄板手工钨极氩弧焊用拖罩通常与焊炬连接为一体，并与焊炬同时移动。钛和钛合金焊接中背面也需要加强保护，通常采用在局部密闭气枪内或整个焊接内充氩气，以及在焊缝背面通氩气的垫板等措施。对于平板对接焊时可采用背面带有通气孔道的紫铜垫板，氩气从焊件背面的紫铜垫板出气孔流出（孔径 1mm，孔距 15~20mm），并短暂的贮存在垫板的小槽内，以保护焊缝背面不受有害气体的侵害。

为了加强冷却，垫板应采用紫铜，其凹槽的深度和宽度要适当，否则不利于氩气的流通和贮存。对于板厚在 4mm 以内的钛板，其焊接垫板的成型槽尺寸及压板间距可参考表 2-2-6。焊缝背面不采用垫板的，可加用手工移动的氩气拖罩。

表 2-2-6　垫板的成型槽尺寸及压板间距

钛板厚度/mm	成型槽尺寸/mm		压板间距/mm	备注
	槽深	槽宽		
0.5	1.5~2.5	0.5~0.8	10	反面不通氩气
1.0	2.0~3.0	0.8~1.2	15~20	
2.0	3.0~5.0	1.5~2.0	20~25	反面通氩气
3.0	5.0~6.0	1.5~2.0	25~30	
4.0	6.0~7.0	1.5~2.0	25~30	

2.2.4.4　实施

A　焊接工艺参数的选择

钛和钛合金焊接工艺参数的选择，既要防止焊缝在电弧作用下出现晶粒粗化的倾向，又要避免焊后冷却过程中形成脆硬组织。纯钛及所有的钛合金焊接，都有晶粒长大的倾向，其中尤以 β 钛合金最为显著，而晶粒长大难以用热处理的方法加以调整。焊接应采用较小的焊接线能量，最好是使刚好高于形成焊缝所需要的最低温度。如果线能量过大，则焊缝容易被污染而形成缺陷。钛和钛合金手工钨极氩弧焊的焊接工艺参数见表2-2-7。

表 2-2-7　钛和钛合金手工钨极氩弧焊的焊接工艺参数

板厚 /mm	坡口形式	钨极直径/mm	焊丝直径/mm	焊接层数	焊接电流/A	氩气流量/L·min⁻¹			喷嘴孔径/mm	备注
						主喷嘴	拖罩	背面		
0.5	I 形坡口对接	1.5	1.0	1	30~50	8~10	14~16	6~8	10	对接接头的间隙为 0.5mm，不加钛丝时的间隙为 1.0mm
1.0		2.0	1.0~2.0	1	40~60	8~10	14~16	6~8	10	
1.5		2.0	1.0~2.0	1	60~80	10~12	14~16	8~10	10~12	
2.0		2.0~3.0	1.0~2.0	1	80~110	12~14	16~20	10~12	12~14	
2.5		2.0~3.0	2.0	1	110~120	12~14	16~20	10~12	12~14	
3.0	V 形坡口对接	3.0	2.0~3.0	1~2	120~140	12~14	16~20	10~12	14~18	坡口间隙为 2~3mm，钝边 0.5mm，焊缝反面加钢垫板，坡口角度 60°~65°
3.5		3.0~4.0	2.0~3.0	1~2	120~140	12~14	16~20	10~12	14~18	
4.0		3.0~4.0	2.0~3.0	2	130~150	14~16	20~25	12~14	18~20	
4.5		3.0~4.0	2.0~3.0	2	200	14~16	20~25	12~14	18~20	
5.0		4.0	3.0	2~3	130~150	14~16	20~25	12~14	18~20	
6.0		4.0	3.0~4.0	2~3	140~180	14~16	25~28	12~14	18~20	
7.0		4.0	3.0~4.0	2~3	140~180	14~16	25~28	12~14	20~22	
8.0		4.0	3.0~4.0	3~4	140~180	14~16	25~28	12~14	20~22	
10.0	对称双 Y 形坡口	4.0	3.0~4.0	4~6	160~200	14~16	25~28	12~14	20~22	坡口角度 60°，钝边 1mm，坡口角度 55°，钝边 1.5~2mm，间隙 1.5mm
13.0		4.0	3.0~4.0	6~8	220~240	14~16	25~28	12~14	20~22	
20.0		4.0	4.0	12	200~240	12~14	20	10~12	18	
22		4.0	4.0~5.0	6	230~150	15~18	18~20	18~20	20	
25		4.0	3.0~4.0	15~16	200~220	16~18	26~30~	20~26	22	
30		4.0	3.0~4.0	17~18	200~220	16~18	26~30	20~26	22	

钨极氩弧焊一般采用具有恒流特性的直流弧焊电源，并采用直流正接，以获得较大的熔深和较窄的熔宽，且焊缝成型好，焊件变形小，生产率高。对于 $\delta = 3$mm 的 TC2 钛合金焊接时一般采用直流正接法。在多层焊时，第一层一般不加焊丝，从第二层再加焊丝，同时注意已加热的焊丝应处于气体的保护之下。多层焊时，应保持层间温度尽可能低，最好能够等到前一层冷却到室温后再焊下一道焊缝，以防止过热。

B TC2 薄板钛合金钨极氩弧焊焊缝分布原则

TC2 薄板钛合金氩弧焊一般在为保证结构强度，减小和控制焊接应力与变形，降低应力集中的情况下，要尽可能地减少结构上焊缝的数量和焊缝的填充金属量；避免焊缝过于集中，焊缝间应保持足够的距离，焊缝过分集中不仅使应力分布更不均匀，而且可能出现双向或三向复杂的应力状态，此外焊缝不应布置在高应力区及结构截面突变的地方，防止残余应力与应力叠加，影响结构的承载能力；采用刚性较小的接头形式；采用合理的装配焊接顺序和方向，合理的装配焊接顺序应该能使每条焊缝尽可能自由收缩，收缩量大和工作时受力最大的焊缝先焊，在同一平面上的焊缝，焊接时应保证焊缝的纵向和横向收缩均能比较自由；正在施焊的焊缝应尽可能靠近结构截面的中性轴；对于焊缝非对称布置的结构，装配焊接时应先焊焊缝较少的一侧。

C TC2 薄板钛合金手工钨极氩弧焊焊接工艺卡

为了减小焊接变形和焊接残余应力的产生，防止焊后产生各种焊接缺陷，在保证技术条件，获得优质的焊接接头质量的前提下取得最大经济效益，使 TC2 钛合金手工氩弧焊工艺能更加准确的进行，在焊接前必须根据材料的化学成分、组织和性能制定相应的焊接规范参数，以 $\delta = 3mm$ 的 TC2 钛合金对接接头的焊接为例，编制焊接工艺卡见表 2-2-8。

表 2-2-8 焊接工艺卡

| 焊接工艺卡 | 产品型号 | | | |
| | 零件名称 | · | 共 1 页 | 第 1 页 |

	主要组成件			
	序号	名称	材料	件数
	1	钛板	TC2 钛合金	1
	2	钛板	TC2 钛合金	1

$b = 0.5 \sim 2mm$
$a = 0 \sim 1mm$
V 形坡口

保护气体：氩气流量 12~14L/min
背面保护气体：氩气流量 14~16L/min

工序内容	板材厚度 δ/mm	钨极直径 /mm	喷嘴直径 /mm	氩气流量 /L·min^{-1}	焊接电流 /A	电流极性	焊丝直径 /mm
钛板对接氩弧焊	4	2.5	8~10	8~10	110~140	直流正接	2.5

预热：预热温度 200~230℃ 层间温度 200~250℃
焊后热处理：温度范围 550~650℃ 时间范围 0.5~1h
其他：焊后热处理前，冷却至 80~100℃，恒温 1~2h

			编制	审核	批准	会签

D 操作注意事项

（1）施工人员和焊工应佩戴洁净的白细纱布手套（严禁佩戴棉线手套）。

（2）经处理的焊区严禁用手触摸和接触铁制物品。

（3）焊接工作尽可能在室内进行，环境风速应不超过 0.5m/s，避免受穿堂风影响。

（4）焊接时应尽可能采用短弧焊接，采用小的焊接热输入，喷嘴与焊件保持 70°~80° 的夹角。对接管定位焊时，其对接间隙一般为 0.5mm 左右。

（5）每道焊缝应尽可能一次焊完，必需接焊的焊缝，在焊前应将接口处清理干净，焊肉搭接长度为 10~15mm。

（6）焊接时，焊炬不应左右摆动，焊丝熔化端不得移出气体保护区。

（7）施焊引弧时应提前送气，熄弧时不能马上抬起焊炬，应延后供气，直到温度降至 250℃ 以下。

（8）气体保护拖罩与焊炬的距离应以最短为佳，与管壁接触的间隙力求最小。

（9）进行管对接焊时，为了达到单面焊双面成型要求，焊接分两次进行：一次为封底焊接（封底焊时可以不用填充材料），另一次为成型焊接。

（10）多层焊时，必须等前一焊道完全冷却后，再焊下一焊道。

E　TC2 薄板钛合金手工钨极氩弧焊操作要领

（1）手工氩弧焊时，焊丝与焊件间应尽量保持最小的夹角（10°~15°）。焊丝沿着熔池前端平稳、均匀地送入熔池，在某些情况下为增大熔池，也可间断的加入焊丝，不得将焊丝端部移出氩气保护区。

（2）焊接时，焊枪的移动方向按左向焊法，焊枪基本不作横向摆动，当需要摆动时，频率要低，摆动幅度也不宜太大，以防止影响氩气的保护。

（3）断弧及焊缝收尾时，要继续通氩气保护，直到焊缝及热影响区金属冷却到 350℃ 以下时方可移开焊枪，氩气延时闭合时间正比于焊接电流值，焊接电流达 300A 时，氩气延时闭合时间选择 20~30s。

F　焊后热处理

焊接结构的焊后热处理是为了改善焊接接头的组织和性能、消除残余应力而进行的热处理。焊后热处理的目的如下：

（1）消除或降低焊接残余应力；

（2）消除焊接热影响区的淬硬组织，提高焊接接头的塑性和韧性；

（3）促使残余氢逸出；

（4）提高结构的几何稳定性；

（5）增强构件抵抗应力腐蚀的能力。

TC2 钛合金的接头在焊接后存在着很大的残余应力，如果不及时消除将会引起冷裂纹，增大接头对应力腐蚀开裂的敏感性，降低接头的疲劳强度，因此，焊接后必须进行消除应力处理。消除应力处理前，焊件表面必须进行彻底的清理，然后在惰性气氛中进行热处理。几种钛及钛合金焊后热处理的工艺参数见表 2-2-9。

表 2-2-9　几种钛及钛合金焊后热处理的工艺参数

材料	工业纯钛	TA7	TC2	TC4	TC10
温度/℃	482~593	533~649	550~650	538~593	482~648
保温时间/h	0.5~1	1~4	0.5~1	2~4	1~4

2.2.4.5　检查

（1）外观检查符合 GB/T 13149—2009《钛及钛合金复合钢板焊接技术要求》。
（2）射线探伤符合 JB 4730—2005《承压设备无损检测》。
（3）力学性能试验符合 GB/T 13149—2009《钛及钛合金复合钢板焊接技术要求》。

2.2.4.6　评价（参照工作页进行）

学习任务 2.3　球罐焊接方案的拟定与实施

2.3.1　学习目标

（1）明确球罐的结构形式。
（2）正确叙述球罐的焊接标准。
（3）独立完成球罐焊接工艺制定。
（4）对球罐进行合理的质量目标设计。

2.3.2　任务描述

　　球罐是一种先进而广泛使用的容器，一般用于储存气体、液体物料或产品等。球罐的构造包括本体、支柱以及平台梯子等附属设备，球罐焊接的特点是工作量大、焊接质量要求严格、焊接工艺复杂、难度高，包括平、立、横、仰各种位置上的施焊。通过学习能够制定合理的焊接工艺方案并进行焊接实施。

2.3.3　工作任务

2.3.3.1　准备

（1）球罐如何分类？
（2）混合式罐体特点是什么？
（3）支座的分类及特点如何？
（4）人孔开设的要求有哪些？
（5）球罐设计依据是什么？

2.3.3.2　计划

（1）16MnR 钢的焊接性如何？
（2）球罐施工现场准备有哪些内容？
（3）球罐焊材管理有哪些内容？

2.3.3.3　决策

（1）球罐焊接工艺评定有哪些内容？

（2）球罐焊接对坡口有哪些要求？

（3）叙述纵缝内侧坡口点固焊接方案。

（4）叙述环缝点固焊焊接方案。

（5）施工现场对焊接环境有哪些要求？

2.3.3.4　实施

（1）详细说明球罐的焊接顺序。

（2）如何对球罐预热、层间温度和后热进行控制？

（3）如何对焊接线能量进行控制？

2.3.3.5　检查

（1）焊缝表面质量应符合哪些规定？

（2）叙述补焊工艺的制定。

（3）内部缺陷的修补方法是怎样的？

2.3.3.6　评价（70分）

评价内容见表2-3-1和表2-3-2。

表 2-3-1　球罐焊后尺寸要求

项　　目	$400m^3$球罐
焊缝角变形（包括错口）	≤2mm
球罐椭圆度	≤50mm
支柱垂直度	≤15mm

表 2-3-2　$400m^3$未加氢碳五球罐无损检测一览表

NDT	检测部位	检测比例	合格级别
RT	球壳对接焊缝（整体热处理前）	100%	Ⅱ
	试块焊后其焊缝应经外观检查合格后，并应进行100%射线检测	100%	Ⅱ
	检测时机在焊后24h		
UT	对球壳板应进行超声检测抽查。抽查数量应不少于球壳板总数的20%，赤道带、温带各不得少于4块，上下极带各不得少于2块	≥20%	Ⅱ
	对球壳板厚度应进行测厚抽查，抽查的数量应不少于球壳板总数的20%，且赤道带不得少于两块，上下极带各不得少于一块。每块球壳板最少应测9个点	20%	球壳板实测厚度不得小于名义厚度减钢板负偏差≥29.75mm
	对球壳板的厚度、超声检测抽查时，检查若有不合格，应加倍抽查；若仍有不合格，应对球壳板逐张进行检查		
	罐板的补焊位置	100%	Ⅰ
	球壳对接焊缝热处理前UT	100%	Ⅰ

NDT	检测部位	检测比例	合格级别
UT	上、下支柱组焊对接焊接接头应进行 100%超声检测。	100%	Ⅱ
	焊缝内部缺陷返修后	100%	Ⅰ
	焊接修补深度超过 3mm 时（从球壳板表面算起），应增加超声检测	100%	Ⅰ
	检测时机在焊后 24h		
MT	对气割坡口表面应进行磁粉检测抽查，抽查数量不少于球壳板总数的 20%，并应覆盖到每带球壳板。	20%	Ⅰ
	工卡具拆除时，不得损伤球壳板，并应打磨平滑后进行磁粉或渗透检测，确保无裂纹等缺陷	100%	无裂纹等缺陷
	焊接时在非焊接处起弧造成电弧擦伤，不慎造成弧疤或弧坑，必须打磨平滑后进行磁粉或渗透检测	100%	Ⅰ
	球罐对接焊接接头焊后（整体热处理前）及水压试验后，应分别对制造和安装过程中球壳板上的所有焊接部位（包括球壳板对接焊缝的内、外表面、同球壳板焊接形成的角焊缝、工卡具清除后的焊迹部位及其热影响区）进行表面 100%的磁粉（内表面应采用荧光磁粉）	100%	Ⅰ
	各种缺陷清除和修补后，均应进行磁粉检测	100%	Ⅰ
	试板焊后其焊缝应经外观检查合格后，并应进行 100%磁粉检测	100%	Ⅰ
	检测时机在焊后 24h		
PT	焊缝清根进行 100%渗透检查	100%	无裂纹、未焊透、未熔合及夹渣等缺陷
	检测时机在焊后 24h		

2.3.3.7　题库（30分）

（1）填空题（每题 1 分，共 10 分）。

1）球罐安装时，等厚度球壳板错边量应小于等于板厚且不大于（　　　）mm。

2）球罐预热应用最广的是（　　　）。

3）球罐焊接时，当环境温度在（　　　）以下，如无防护措施，禁止施焊。

4）采用计算机编程方法，把号料、下料切割工序结合在一起的工艺技术称（　　　）。

5）一个完整的焊接工装卡具是由（　　　）、夹紧机构、夹具体三部分组成。

6）球罐现场散装时，在基础中心都要放一根（　　　）作为装配和定位的辅助装置。

7）（　　　）球罐固安装比较方便，焊缝位置比较规则，目前在国内应用最普遍。

8）对于大型、复杂薄壁焊接容器，为防止焊接变形，在组装时，宜采用（　　　）法。

9）较高参数球罐用得最多的是 σ_s 为（　　　）MPa 级的调质高强度钢。

10）由于球罐的容积大，而且本体所承受的压力均匀，因而可适用于（　　　）等。

（2）选择题（每题 1 分，共 10 分）。

1）球罐焊接时，当施焊现场环境温度在（　　　）℃以下，如无防护措施应禁止焊接。

　　A −5　　　　　　　B 0　　　　　　　C 5　　　　　　　D 10

2）焊接接头脆性断裂的特征是破坏应力（　　　）设计的许用应力。

　　A 远远大于　　　B 略大于　　　C 接近于　　　D 不高于

3）结构最易产生脆性断裂的应力状态是（　　　）。

　　A 三向压缩应力　　　　　　　　B 一向拉伸二向压缩应力

　　C 二向拉伸一向压缩应力　　　　D 三向拉伸应力

4）球罐焊接时，凡与球壳板表面相焊的焊缝，任何情况下均不得短于（　　　）mm。

　　A 30　　　　　　　B 50　　　　　　　C 60　　　　　　　D 70

5）质量检查报告中，不包括以下项目（　　　）。

　　A 产品的名称　　　　　　　　B 产品的技术规范或使用条件

　　C 焊接资料　　　　　　　　　D 下料方法

6）球罐焊接时，如施焊现场相对湿度在（　　　）% 以上时，如无防护措施，应禁止焊接。

　　A 75　　　　　　　B 80　　　　　　　C 85　　　　　　　D 90

7）矫正后的钢材表面划痕深度不大于（　　　）mm。

　　A 0.5　　　　　　B 1.0　　　　　　C 1.5　　　　　　D 2.0

8）不能消除焊接内应力的是（　　　）。

　　A 振动时效　　　B 温差拉伸法　　　C 机械拉伸法　　　D 刚性固定法

9）（　　　）不属于焊件变位机械。

　　A 滚轮架　　　B 翻转机　　　C 操作机　　　D 回转台

10）判断焊接原材料消耗定额时，不包括（　　　）消耗定额。

　　A 焊条　　　B 焊丝　　　C 焊剂　　　D 电力

（3）判断题（每题 1 分，共 10 分）。

1）余高和少量的熔深对接头的强度影响较大。（　　　）

2）在焊接接头静载强度计算时，可不考虑接头部位微观组织的改变对力学性能的影响。（　　　）

3）脆性断裂多发生在脆性材料，低碳钢因塑性很好是不会发生脆性断裂的。（　　　）

4）低应力脆断是指焊接结构的设计许用应力选取得太低造成的脆断。（　　　）

5）疲劳破坏多发生在材料表面的缺陷处。（　　　）

6）疲劳强度受温度的影响很大，当焊接结构在低温工作时，很容易产生疲劳破坏。（　　　）

7）疲劳断裂和脆性断裂从性质到形式都不一样。（　　　）

8）应力集中是降低焊接接头和结构疲劳强度的主要原因。（　　　）

9）整修大型焊接结构主要采用火焰矫正法。（　　）

10）对于可分解成若干个部件的复杂结构，宜采用零件→部件装配焊接→总装配焊接的工艺。（　　）

2.3.4　学习材料

2.3.4.1　准备

A　球罐结构简介

a　球罐的分类

（1）外观：球形、椭球形。

（2）壳体构造方式。

1）球壳层数：单数；多数。

2）球壳组合方案：桔瓣式、足球瓣、混合式。

3）支撑方式：支柱式支座、筒形或锥形裙式支座。

圆球形单层纯桔瓣式赤道正切球罐典型结构示例如图2-3-1所示。主要包括：球壳、液位计导管、避雷针、安全泄放阀、操作平台、盘梯、喷淋水管、支柱、拉杆。

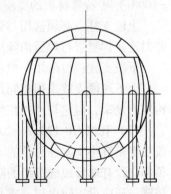

图 2-3-1　赤道正切柱式支撑单层壳球罐

1—球壳；2—液位计导管；3—避雷针；

4—安全泄放阀；5—操作平台；6—盘梯；

7—喷淋水管；8—支柱；9—拉杆

b　罐体

储罐主体的作用有储存物料、承受物料工作压力和液柱静压力。按其组合方式可分为纯桔瓣式罐体、足球瓣式罐体、混合式罐体。如图2-3-2所示。

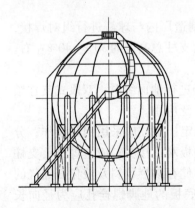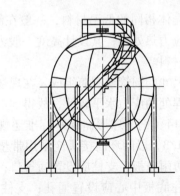

图 2-3-2　球壳拼装

（1）纯桔瓣式罐体：球壳全部按桔瓣片形状进行分割成型后再组合。

特点：球壳拼装焊缝较规则，施焊组装容易，加快组装进度并实施自动焊；便于布置支座，焊接接头受力均匀，质量较可靠。

缺点：球瓣在不同带位置尺寸大小不一，互换有限；下料成型复杂，板材利用率低；球极板尺寸往往较小，人孔、接管等容易拥挤，有时焊缝不易错开。

应用：适用于各种容量的球罐。

（2）足球瓣式罐体：由四边形或六边形组成。

特点：每块球壳板尺寸相同，下料成型规格化，材料利用率高，互换性好，组装焊缝较短，焊接及检验工作量小。

缺点：焊缝布置复杂，施工组装困难，对球壳板的制造精度要求高。

应用：容积小于 $120m^3$ 的球罐。

（3）混合式罐体。

特点：赤道带、温带为桔瓣式；极板为足球瓣式；材料利用率高；焊缝长度缩短；球壳板数量减少；适用于大型球罐。极板尺寸比纯桔瓣式大，易布置人孔及接管。球罐支座与球壳板焊接接头避免搭在一起，球壳应力分布均匀。

c　支座

支座的作用是用以支承本体重量和物料重量的重要结构部件。其可分为以下几类：

（1）柱式支座——赤道正切柱式支座结构。

特点：多根圆柱状支柱在球壳赤道带等距离布置，支柱中心线与球壳相切或相割而焊接起来。相割时，支柱的中心线与球壳交点同球心连线与赤道平面的夹角约为 100° ~ 200°。柱式之间设置连接拉杆，起到稳定的作用，减少风载、地震的影响。

优点：受力均匀，弹性好，能承受热膨胀的变形，安装方便。

缺点：球罐重心高，相对而言，稳定性差。

（2）裙式支座支柱的结构。

支柱的结构：支柱（单段式、双段式）、底板、端板。

单段式：由一根圆管或卷制圆筒组成，其上端与球壳相接的圆弧形状通常由制造厂完成，下端与底板焊好，然后运到现场与球罐进行组装和焊接。主要用于常温球罐。

双段式：适用于低温球罐（设计温度为 −200 ~ −100℃）；深冷球罐（设计温度小于 −100℃）等特殊材质的支座。

上段支柱：必须选用与壳体相同的低温材料，一般在制造厂内与球瓣进行组对焊接，并对连接焊缝进行焊后消除应力热处理，其设计高度一般为支柱总高度的 30% ~ 40% 左右。

下段支柱：可采用一般材料。

上下两段支柱采用相同尺寸的圆管或圆筒组成，在现场进行地面组对。双段式支柱结构较为复杂，但它与球壳相焊处的应力水平较低，故得到广泛应用。

（3）我国 GB 12337—2014《钢制球形储罐》标准还规定：支柱应采用钢管制作；分段长度不宜小于支柱总长的 1/3，段间环向接头应采用带垫板对接接头，应全焊透；支柱顶部应设有球形或椭圆形的防雨盖板；支柱应设置通气口；储存易燃物料及液化石油气的球罐，还应设置防火层；支柱底板中心应设置通孔；支柱底板的地脚螺栓孔应为径向长圆孔。

（4）支柱与球壳的连接：直接连接结构形式，加托板的结构形式，U 形柱结构形式，支柱翻边结构形式。

（5）拉杆的作用：用以承受风载荷与地震载荷作用，增加球罐的稳定性。

1）可调式：单层交叉可调式拉杆；双层交叉可调式拉杆；相隔一柱单层交叉可调式拉杆。

2）固定式：拉杆常用钢管制作，管状拉杆必须开设排气孔。拉杆一端焊在支柱加强板上，另一端焊在交叉节点的中心固定板上。也可取消中心板将拉杆直接十字焊接。

固定式拉杆的优点：制作简单、施工方便，但不可调节。拉杆可承受拉伸和压缩载荷，大大提高了支柱的承载能力，近年来国外已在大型球罐上应用。

d　人孔和接管

（1）人孔。

作用：1）工作人员进出球罐进行检验和维修；2）球罐在施工过程中，罐内通风、排烟除尘；3）脚手架的搬运，内件的组装等；4）若球罐需进行消除应力整体热处理，球罐上人孔调节空气和排烟，下人孔通进柴油和放置喷火嘴。

要求：1）位置及个数——人孔的位置应适当，球罐应开设两个人孔，分别设置在上下极板上；2）大小——人孔直径必须保证工作人员能携带工具进出球罐方便。球罐人孔直径以 DN500 为宜，小于 DN500 人员进出不便；大于 DN500，削弱较大，导致补强元件结构过大。若球罐必须进行焊后整体热处理，人孔应设置在上下极板的中心。人孔的材质应根据球罐的不同工艺操作条件选取。

结构：在球罐上最好采用带整体锻件凸缘补强的回转盖或水平吊盖形式；在有压力情况下人孔法兰一般采用带颈对焊法兰，密封面大都采用凹凸面形式。

（2）接管——强度的薄弱环节。

接管结构：一般用厚壁管或整体锻件凸缘等补强措施提高其强度。

材料：最好选用与球壳相同或相近的材质；低温球罐应选用低温配管用钢管，并保证在低温下具有足够的冲击韧性。

布管位置：球罐接管除工艺特殊要求外，尽量布置在上下极板上，以便集中控制，并使接管焊接能在制造厂完成制作和无损检测后统一进行焊后消除应力热处理。

加强筋：球罐上所有接管均需设置加强筋，小接管群可采用联合加强，单独接管需配置 3 块以上加强筋，将球壳、补强凸缘、接管和法兰焊在一起，增加接管部分的刚性。

连接面：球罐接管法兰应采用凹凸面法兰。

e　附件

（1）梯子和平台的目的：便于工作人员操作、安装和检查。

（2）水喷淋装置以及隔热或保冷设施：控制球罐内部物料温度和压力。

（3）其他安全附件：作为球罐附件的还有液面计、压力表安全阀和温度计等。

（4）选用时要注意其先进、安全、可靠，并满足有关工艺要求和安全规定。

B　施工组织

a　设计编制依据

（1）招标文件；（2）设计图纸、设计技术文件；（3）质技监局锅发［1999］154 号《压力容器安全技术监察规程》；（4）GB 150—2011《钢制压力容器》；（5）GB 12337—2014《钢制球形储罐》；（6）GB 50094—2010《球形储罐施工及验收规范》；（7）JB 4730—1994《压力容器无损检测》；（8）JB/T 4711—2003《压力容器涂敷与运输包装》；（9）JB 4708—2000《钢制压力容器焊接工艺评定》；（10）JB/T 4709—2007《钢制压力容器焊接规程》；（11）GB/T 5117—1995《碳钢焊条》；（12）GB/T 5118—1995《低合金钢焊条》；（13）GB/T 3965—2012《熔敷金属中扩散氢测定方法》；（14）GB 50755—2012

《钢结构工程施工规范》。

　　b　施工标准及技术条件

　　（1）质技监局锅发［1999］154 号《压力容器安全技术监察规程》；（2）GB 150—1998《钢制压力容器》；（3）GB 12337—1998《钢制球形储罐》；（4）GB 50094—1998《球形储罐施工及验收规范》；（5）JB 4730—1994《钢结构工程施工与验收规范》；（6）GB 50205—1995《钢结构工程施工与验收规范》；（7）球形压力容器现场组焊《质量保证手册》；（8）JL《建筑安装工程安全技术操作规程》；（9）Q02-401-00 "400m³ 球罐施工图"。

2.3.4.2　计划

　　A　16MnR 钢的焊接性分析

　　16MnR 钢属低合金钢，供货状态为正火，$P_{cm} > 0.25\%$，具有一定的冷裂倾向，根据 16MnR 的焊接 CCT 图可以看出，不产生马氏体的临界冷却时间 $t'_p = 26s$，根据板厚 34mm 16MnR 钢的线能量范围 12~50kJ/cm，结合 CO_2 气体保护电弧焊 t8/5 冷却时间线算图，初步确定预热温度范围为 80~150℃时，$t8/5 > t'_p$。

　　B　施工现场准备

　　为了保证自动焊焊接工艺的正常进行，确保自动焊焊接质量，在施工现场必须采取以下措施：

　　（1）焊接设备及附件的检查施焊前，应仔细检查焊接电源、送丝机构是否完好，CO_2 气体压力是否符合规定，气体预热器、气压表、气流表是否正常，输气软管、焊接电缆有无破损泄漏，控制电缆接头是否接触良好。一旦发现问题应及时修复后再进行焊接，不得带故障运行。

　　（2）焊接电源摆放：焊接电源应放在通风、干燥、洁净的环境中，三台焊接电源配备一个焊机房。焊接电源的供电应单独配给，不得与其他载荷并网合用，防止电压波动和偏相影响焊接质量。为提高对焊接参数控制的准确性，减少电流损失和电压降，焊接电源应尽量靠近球罐。

　　（3）对球罐脚手架搭设的要求：脚手架的搭设应考虑送丝机的放置、焊工焊接时的摆动及预热器的架设方便，为使焊工上下操作方便脚手架每层间距为 1.7m 左右，脚手架立杆距离纵缝焊道左侧不小于 800mm 宽，距离纵缝焊道右侧不小于 250mm 宽，脚手架横杆应在环焊缝下侧 500mm 左右，脚手架内侧横、立杆应距离焊缝 300mm 以上。脚手架应牢固、安全、可靠。

　　（4）防风措施：为减少自然气候因素对焊接过程的影响，必须在球罐周围利用脚手架搭上防风篷布（为防火安全，所有篷布一律用阻燃篷布），以防止空气流动破坏保护气体对熔池的保护作用，防风篷布应搭设严实。

　　C　焊材管理

　　（1）焊丝的供应与验收。由供应部门供给的焊丝、焊条必须具有材料质保书、出厂日期和批号，有明显的焊丝、焊条牌号、规格等标记，并满足相关标准的有关规定，同时也应满足 GB 12337—1998 中的关于焊丝、焊条的要求。

（2）焊丝、焊条的存放与保管。

球罐使用的焊丝、焊条必须有专人、专库保管，库房内应有湿度和温度调节设备，库房内湿度不得大于60%，温度不应低于10℃。焊条使用前必须在350~400℃的温度下烘烤1h，然后置于保温箱内在100~150℃的温度下保温，随用随取。烘烤员要认真做好入库与烘烤记录。

（3）焊丝、焊条的发放与回收。焊丝、焊条由烘烤员负责发放与回收。焊工领回焊丝后，应对焊丝外观进行仔细检查，发现有锈蚀现象，严禁使用，如有水分或污物，应进行烘烤或擦拭干净，每盘焊丝打开包装后，尽量当天用完，如当天未使用完，应退回烘烤员，放进库房保管，不允许露天放置。焊工领用焊条要使用保温桶，焊条在保温桶内存放时间不得超过4h，否则重新烘烤，重复烘烤次数不得超过2次。烘烤员要认真做好发放与回收记录。

（4）保护气体的使用和管理。供应部门对所使用的CO_2气体应定点购货，并定期进行抽查，严格保证CO_2气体纯度在99.5%以上，气体进场后应倒置48h，打开阀门进行放空，确认没有存水后方可使用，否则不得使用。

现场焊接时，应使用气体预热器对CO_2气体进行预热，预热温度在60℃左右，并设专人监看气体流量和瓶内压力，当瓶压低于2MPa时停止使用，并立即更换新瓶，如发现预热器不热，造成瓶口结霜现象，必须立即停止焊接，及时处理好后，才能重新施焊。

2.3.4.3 决策

A 焊接工艺评定

根据GB 4708—1992《钢制压力容器焊接工艺评定》的要求，分别对平仰焊、立焊和横焊三种位置进行评定。评定项目如下：射线检验、拉伸试验、弯曲试验、冲击试验（-12℃）。

焊接工艺评定编号为Q-40（平仰焊），Q-41（立焊），Q-42（横焊）。

B 球罐本体焊缝组对、点固焊

（1）对坡口的要求：

1）焊接坡口应保持平整，不得有裂纹、分层、夹渣等缺陷，尺寸应符合图样规定。

2）坡口表面及两侧各20mm应将水、铁锈、油污、积渣和其他有害杂质清理干净，露出金属光泽。

（2）组对间隙应严格控制在1~4mm范围内，错边量不超过3mm。

（3）点固焊。

1）纵缝点固焊。为防止球罐焊缝在施焊过程中发生较大的错边和变形及在预后热时，由于温度变化的影响产生裂纹，需采用组对卡具和坡口内点固焊相结合的方法，具体步骤如下：

①用组对卡具调节焊缝间隙至1~4mm，错边量不超过3mm。

②在焊缝内侧坡口（小坡口）内进行点固焊，点固焊缝长度为150~200mm，厚度大于等于11mm（以焊缝内侧坡口填平为准，但不能超出坡口外），点固焊焊道间距

为 300mm。

③每条焊缝点固焊完毕后，剩下中间两个卡具，其余全部拆除。

2）纵缝内侧坡口点固焊接按下列方案进行：

①点固焊接采用手工电弧焊，焊接电源为直流弧焊机，焊条采用 J507，规格 $\phi 3.2$mm、$\phi 4.0$mm，焊条使用必须按压力容器焊接材料规定条款执行。

②焊前必须清理坡口，用磨光机除去施焊处锈污。

③点焊顺序为先点固焊缝两端，然后点固中间，再向两头逐个对称加密。

④点固焊前，点焊处需进行预热，预热温度应达到 100~200℃。

⑤点固焊由两组人员以球罐中心轴线对称同时施焊，并按同方向旋转进行。

⑥点固焊引弧熄弧均应在内侧坡口内，严禁在球壳板上引熄弧。收弧时应将弧坑填满。

⑦点固焊过程中，应配备一名铆工，随时对焊缝间隙和错边量进行测量和调整。

⑧点固焊道应在坡口内侧清根气刨时一起刨掉。

3）环缝点固焊。环缝点固也采取组对卡具与点固相结合的方案，具体如下：

①环缝 T 形接头两侧用一对卡具固定，卡具中心相距 500mm。

②环缝内侧坡口点固焊焊道的长度，厚度及相邻焊道距离均与纵缝点固焊相同。

③环缝内侧坡口点固焊工艺方案及要求均与纵缝点固焊相同。点固焊后，应将焊道表面的药皮去除并由专检员按上述要求进行检查确认。

C　气象管理

施工现场焊接环境当出现下列任一情况时，应采取具体有效的防护措施，方可进行 CO_2 气体保护焊及手工电弧焊：

（1）下雪、下雨、下雾；

（2）环境温度在-5℃以下；

（3）风速不超过 8m/s（手工焊）、风速不超过 2m/s（CO_2 气体保护焊）；

（4）相对湿度不超过 90%。

为了有效地对气象条件进行监督和管理，在施工现场应设置专职监督员和气象告示牌，负责每天气象监督、管理和记录等工作。

2.3.4.4　实施

A　焊接顺序

（1）焊接顺序的原则是先纵缝，后环缝，先大坡口，后小坡口。为了使焊接过程中产生的应力分布均匀，要做到均匀配置焊工，同时对称焊接，采用逆向分段退步焊，力求焊速一致。

具体焊接顺序为：赤道带纵缝大坡口焊接→赤道带纵缝小坡口清根、探伤、焊接→温带纵缝大坡口焊接→温带纵缝小坡口清根、探伤、焊接→上、下极带大纵缝大坡口焊接→上、下极带大纵缝小坡口清根、探伤、焊接→上、下极带小纵缝大坡口焊接→上、下极带小纵缝小坡口清根、探伤、焊接→上、下极带环缝大坡口焊接→上、下极带环缝小坡口清根、探伤、焊接→赤道带环缝大坡口焊接→赤道带环缝小坡口清根、探伤、焊接→温带上、下环缝大坡口焊接→温带上、下环缝小坡口清根、探伤、焊接→工卡具焊疤与局部焊缝外观的修磨→无损探伤→局部焊缝返修→无损探伤。

（2）纵缝的焊接。纵缝外侧打底焊时，第一层和第二层焊道采取分段焊，先焊上半段，后焊下半段。其余焊道应一次焊到头。

（3）环缝的焊接。焊接环缝时应控制线能量不小于最低极限，即在焊接电流、焊接电压一定时，焊接速度不能超过允许的最大值。环缝外侧打底焊时，先点固两端，再分段焊中间，逐渐向两边加密，后连接成一条。除打底焊外其余焊道一次焊完，每层由下而上排条填充，每条焊完后，应将熔渣彻底清理干净方可焊下一条。每层焊肉高度要基本相等，高出的地方用磨光机去除，低洼处应补焊平齐。

B　焊缝清根

焊缝外侧全部焊完后，内侧用碳弧气刨进行清根，刨完后用砂轮机磨光，做100%着色或磁粉检验，确认无缺陷后，方可进行外侧焊接。

C　预热、层间温度控制和后热

焊接过程中预热、后热对焊缝缓慢冷却、改善热循环、促进焊缝中扩散氢的充分逸出、防止产生冷裂纹具有重要作用。因此，本次球罐焊接中应加强对预热、后热和层间温度的控制的管理，具体要求见表2-3-3。

表 2-3-3　预热、层间温度控制和后热

加热方法	焊接位置	预热温度/℃	层间温度/℃	后热温度（℃）及时间（h）	预热范围/mm	测温范围/mm
煤气加热	平仰焊	80~120	80~120	(200~250)×1.5	焊缝两侧150	距中心50
煤气加热	立焊	80~120	80~120	(200~250)×1.5	焊缝两侧150	距中心50
煤气加热	横焊	100~150	100~150	(200~250)×1.5	焊缝两侧150	距中心50
氧-乙炔焰加热	点固焊	100~150	100~150	200~250	焊接处300×400	距中心50
煤气加热	返修	150~200	150~200	(200~250)×1.5	焊缝两侧150	距中心50

几点说明：

（1）预、后热采用煤气加热方法，加热部位在施焊部位的另一侧。

（2）当出现下述情况时，应取预热温度的上限值，后热温度也应提高到250℃，后热时间相应延长：环境温度低于10℃；焊道过短；处于不利的焊接位置（如仰焊、横焊）；拘束度大或应力集中的部位（如T形接头）。

D　焊接线能量的控制

焊接线能量是影响焊接接头质量的重要因素，过大的线能量会使热影响区加宽，导致焊缝金属和熔合线缺口韧性降低，过低的线能量可能造成高硬度，低韧性的热影响区组织，而且可能产生氢致裂纹。现场施焊时，线能量宜控制在12~50kJ/cm。

2.3.4.5　检查

（1）焊缝表面质量应符合下列规定：

1）焊缝与母材应圆滑过渡，对接焊缝的余高尺寸为 0~3mm，支柱角接焊缝的焊脚尺寸为 12mm。

2）所有焊缝及热影响区表面不得有裂纹、夹渣、气孔、弧坑、飞溅等缺陷。

3）焊缝两侧不允许有咬边。

（2）所有对接焊缝、角焊缝、工卡具的点焊部位及其热影响区应在热处理前和压力试验合格后各做一次 100% 着色或磁粉检验。检验前用磨光机对上述部位存在的缺陷进行修磨，修磨范围内斜度至少为 1∶3，修磨深度应小于球壳名义厚度的 5%，即 1.5mm，若修磨深度或缺陷深度大于 1.5mm，则应进行补焊。除焊缝缺陷采用半自动焊或手工焊进行补焊外，其余均采用手工电焊条进行补焊，具体补焊工艺如下：

1）预热缺陷存在处，预热温度应在 100~200℃；

2）用磨光机磨去缺陷，经磁粉检验合格后，方可焊接；

3）用 J507 焊条将凹陷处焊满；

4）将补焊处打磨平滑。

5）焊缝内部检验。

当焊缝表面检验合格后，方可进行焊缝内部检验，检验方法采用 100% RT 检验，并进行 20% UT 复验（包括全部 T 形接头），具体见无损检测方案。

（3）焊缝的修补。

1）表面缺陷的修补。对于焊缝表面的裂纹、夹渣、气孔、弧坑等缺陷，要求在预热状态下打磨，清除干净后，用半自动焊或手工电弧焊及时补焊，补焊工艺与正式焊接相同。

2）内部缺陷的修补。

①通过射线检查确定焊缝内部缺陷的位置及性质，用超声波探出其存在的深度，分析缺陷产生的原因，提出相应的返修方案。

②返修前应编制详细的返修工艺，经焊接责任工程师批准后才能实施。返修工艺至少应包括缺陷产生的原因，避免再次产生的技术措施，焊接工艺参数的确定，返修焊工的指定，焊材的牌号及规格，返修工艺编制人、批准人的签字。

③确定缺陷的位置、深度后，在焊缝上标出，然后用碳弧气刨清除缺陷，气刨前应预热。气刨应分层潜刨，在刨除缺陷后，继续向深度方向磨削 5mm，但气刨深度不得超过板厚的 2/3，如气刨深度超过板厚的 2/3 时仍未发现缺陷，则应补焊后从另一侧气刨，直至刨除缺陷。

④气刨的长度不得小于 50mm，气刨后用磨光机磨去氧化皮及渗碳层，刨槽的两端应打磨成 1∶4 的平缓坡度过渡，并经着色或磁粉检验合格后，方可补焊，补焊采用半自动焊或手工焊，补焊工艺与球罐焊接工艺相同。

⑤补焊前均要求预热到 150~200℃，焊后进行（200~250）℃×1.5h 的后热消氢处理。

⑥返修焊工原则上为原焊缝施焊的焊工，同一部位的返修次数不宜超过 2 次，超次返修须报公司总工程师批准，并应将返修次数、部位、返修后的无损检测结果和公司总工程

师批准字样记入压力容器质量证明书的产品制造变更报告中。

　　⑦返修的现场记录应详尽，其内容至少包括坡口形式、尺寸、返修度、焊接工艺参数（焊接电流、电弧电压、焊接速度、预热温度、层间温度、后热温度和保温时间、焊材牌号及规格、焊接位置）和施焊者及其钢印等。

　　⑧焊缝补焊后应在补焊焊道上加焊一道凸起的回火焊道，回火焊道焊完后磨去回火焊道多余的焊缝金属，使其与主体焊缝平缓过渡。

2.3.4.6　评价

评价内容见表 2-3-1 和表 2-3-2。

3 焊接质量控制与检验

典型工作任务描述

典型工作任务名称	焊接质量控制与检验	适用级别：技师

典型工作任务描述

质量管理的核心内涵是使人们确信某一产品（或服务）能满足规定的质量要求，并且使需方对供方能否提供符合要求的产品和是否提供了符合要求的产品掌握充分的证据，建立足够的信心，同时，也使本企业自己对能否提供满足质量要求的产品（或服务）有相当的把握而放心地组织生产。对焊接生产质量进行有效的管理和控制，使焊接结构制作和安装的质量达到规定的要求，是焊接生产质量管理的最终目的。

焊接质量控制不仅仅是焊接过程中的质量控制，而且与焊接之前的各道工序的质量控制有密切的联系，所以，焊接的质量控制应该是焊接前、焊接过程中及焊接后三个阶段的全过程的质量管理

工作对象：	工具、材料、设备与材料：	工作要求：
（1）查询相关标准；	（1）图纸及相关资料；	（1）遵守安全操作规程；
（2）产品质量要求；	（2）工装设备；	（2）满足合同要求；
（3）焊工职业资格审查；	（3）工、量、卡具；	（3）根据工时要求完成；
（4）工艺评定；	（4）工艺卡片；	（4）施工考虑合理性；
（5）作业环境检查；	（5）国家标准、行业标准；	（5）团队协作精神；
（6）工艺分析；	（6）切割设备、机加工设备；	（6）穿戴好劳动保护用品；
（7）选材、备料、焊接、检验；	（7）操作规程；	（7）安全文明生产；
（8）焊后处理（热处理、矫正）；	（8）焊接设备；	（8）质量达到相关标准。
（9）焊接检验；	（9）力学性能检验设备；	**劳动组织方式：**
（10）质量记录及标记	（10）探伤设备等。	（1）与相关人员配合；
	工作方法：	（2）材料供应与保管合作；
	（1）小组讨论；	（3）组长分配任务；
	（2）焊接检验；	（4）质检体系；
	（3）组长负责制；	（5）安全员督察安全工作；
	（4）评价反馈	（6）技术文件及工具管理员

职业能力要求

（1）明确质量管理的核心内涵和质量环；
（2）了解焊接生产质量管理体系；
（3）掌握焊接工序质量及其影响因素；
（4）明确焊接过程的质量控制内容；
（5）进行焊接质量分析与检验

代表性工作任务

任务名称	任务描述	工作时间
学习任务 3.1 焊接质量控制	焊接生产的整个过程包括原材料、焊接材料、坡口准备、装配、焊接和焊后热处理等工序。焊接质量控制的目标是以保证焊接产品的最终性能为目的，从而达到降低生产成本和提高产品质量的效能。因此，焊接质量控制不仅仅是焊接过程中的质量控制，而且与焊接之前的各道工序的质量控制有密切的联系，所以，焊接的质量控制应该是一焊接前、焊接过程中及焊接后三个阶段的全过程的质量管理	20学时
学习任务 3.2 结构失效分析 及强度计算	熟悉焊接结构在制造与使用过程中的力学行为与特征。从力学角度出发，分析材料选择的合理性，结构的工艺性及使用的可靠性，为今后在实际生产中能制定较合理的焊接结构的生产工艺规程、为解决有关生产问题奠定扎实的基础	20学时
学习任务 3.3 焊缝无损检测	在焊接结构件、焊接容器、焊接管道的生产制作中，需要对焊缝接头各部位质量进行无损检验，以保证焊接接头没有超标缺陷。无损检验是在不损坏试件的前提下，借助先进的技术和仪器设备，以物理或化学方法为手段，对试件内部和表面的结构、性质、状态进行检测	20学时

学习任务 3.1　焊接质量控制

3.1.1　学习目标

（1）明确质量管理的核心内涵和质量环。

（2）了解焊接质量保证标准。

（3）掌握设计工艺评定试验方案所涵盖的内容。

（4）明确焊接质量控制及检验的内容和要求。

（5）明确焊接缺陷的危害，能制定预防措施。

（6）掌握不锈钢管对接45°固定加障碍焊条电弧焊技术。

3.1.2　任务描述

学习并掌握1Cr18Ni9不锈钢管对接45°固定加障碍焊条电弧焊技术，学员进行工艺分析，小组讨论并确定焊接工艺参数；个人进行焊接操作练习，教师巡检指导；个人、小组检测评分、填写评分表，操作中严格执行安全操作、环境保护及车间有关的其他规定。

3.1.3　工作任务

管对接45°固定加障碍焊接如图3-1-1所示，其技术要求为：（1）单面焊双面成型；（2）障碍管间距按图要求布置；（3）间隙、钝边自选。

3.1.3.1　准备

（1）质量管理的核心内涵是什么？质量环包括哪些内容？

（2）什么是工序质量？影响焊接结构生产工序质量的因素有哪些？

（3）焊接生产质量管理体系中的控制系统有哪些？

（4）焊接前及焊接过程中的质量控制的主要内容是什么？

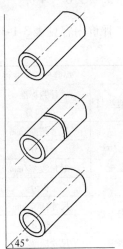

图 3-1-1　管对接 45°
固定加障碍

3.1.3.2　计划

（1）如何确定试件装配尺寸？确定后填入表3-1-1。

表 3-1-1　试件装配尺寸

坡口角度/(°)	钝边/mm	装配间隙/mm	障碍管距离/mm	错边量/mm

（2）小组讨论选定焊接工艺参数，填入表3-1-2中。

表 3-1-2　焊接工艺参数

焊接层次	焊条型号	焊条规格	焊接电流	电源极性	备注
1					
2					

（3）不锈钢焊件加工、组装中应注意哪些操作要点？

3.1.3.3　决策

（1）从保证焊接工序质量出发，对焊接机器设备应做哪些控制？
（2）对焊接原材料的质量控制有哪些措施？
（3）对影响焊接工艺方法的因素进行有效控制的做法是什么？

3.1.3.4　实施

（1）小组讨论制定焊接工艺方案（可附表）。
（2）总结焊接中存在的问题及解决措施。

3.1.3.5　检查

（1）焊后成品质量检验有哪些种类？
（2）焊接检验记录包括哪些内容？

3.1.3.6　评价

评价内容见表3-1-3。

表 3-1-3　焊缝外观尺寸评价

焊缝外观尺寸评价标准（正、背面）			70分		得 分		
检查项目	评判标准及得分	评判等级				个人评价	小组评价	教师评价
检查项目	评判标准及得分	I	II	III	IV	个人评价	小组评价	教师评价
水冷壁装配	尺寸超差/mm	<1	1~2	2~3	>3			
水冷壁装配	得分	7	6	5	4			
水冷壁装配	对角线差/mm	<±1	±1~2	±2~3	>3			
水冷壁装配	得分	7	6	5	4			
焊缝余高	尺寸标准/mm	0~1	>1~2	>2~3	<0, >3			
焊缝余高	得分	7	6	5	4			
焊缝高度差	尺寸标准/mm	≤1	>1~2	>2~3	>3			
焊缝高度差	得分	7	6	5	4			
焊缝宽度	尺寸标准/mm	12~14	11~15	10~16	<10, >17			
焊缝宽度	得分	7	6	5	4			
焊缝宽度差	尺寸标准/mm	≤1.5	>1.5~2	>2~3	>3			
焊缝宽度差	得分	7	6	5	4			
咬边	标准	无咬边	咬边深度≤0.5mm，每2mm扣1分		咬边深度>0.5mm，0分			
咬边	得分	7						
夹渣（夹钨）	标准	无	1处	2处	>2处			
夹渣（夹钨）	得分	7	6	5	4			
气孔	标准	无	1处	2处	>2处			
气孔	得分	7	6	5	4			
正面成型	标准	优	良	中	差			
正面成型	得分	7	6	5	4			

3.1.3.7 题库（30分）

（1）填空题（每题2分，共10分）。

1）焊接结构质量验收的依据是施工图样、（　　　　　　　）检验文件及订货合同。

2）焊缝质量的高低将直接关系到结构的（　　　　　　　　　）问题。

3）钢管上若要开孔时，不得在管道的任何位置开（　　　　　）。

4）通过（　　　　　）可以综合反映企业经营活动的成绩和效果。

5）作业时间是直接用于焊接工作的时间，作业时间按其作用又可分为（　　　）、（　　　）两大项。

6）焊接工艺装备应保证焊件能按合理的顺序施焊，以有利于控制（　　　）。

7）产品生产过程中的备料、装配及焊接工艺流程对（　　　）的形式及设计要求有很大影响。

8）在制造焊接结构中，往往选择零件上最长的表面作为（　　）面。

9）自动焊用的工艺装备，一般对焊接机头的（　　　）有较高的要求及能稳定的工作。

10）在自动控制系统的方框图中，每个环节都应具有（　　　）。

（2）选择题（每题1分，共10分）。

1）结构最易产生脆性断裂的应力状态是（　　　）。

　　A 三向压缩应力　　　　　　　　　B 一向拉伸二向压缩应力

　　C 二向拉伸一向压缩应力　　　　　D 三向拉伸应力

2）焊接材料二级库对温度要求应不低于（　　　）℃。

　　A 10　　　　　　　B 20　　　　　　　C 30　　　　　　　D 40

3）焊接结构质量检查过程中，不包括以下项目（　　　）。

　　A 结构的变形　　　　　　　　　　B 产品的技术规范或使用条件

　　C 焊接材料　　　　　　　　　　　D 下料方法

4）成本核算的目的不包括（　　　）。

　　A 确定产品销售价格　　　　　　　B 制定焊接工艺

　　C 进行成本控制　　　　　　　　　D 衡量经营活动的成绩和成果

5）矫正后钢材表面划痕深度不大于（　　　）mm。

　　A 0.5　　　　　　　B 1.0　　　　　　　C 1.5　　　　　　　D 2.0

6）仓库保管焊条，焊条至少距地面和墙（　　　）m。

　　A 0.1　　　　　　　B 0.2　　　　　　　C 0.3　　　　　　　D 0.5

7）国内对《钢制压力容器焊接工艺评定》制定了有关部分标准（　　　）。

　　A NB 47014—2011　B JB 4420—2000　C JB 4709—2007　D 均可

8）根据焊接工艺规程和进行焊接生产，就可以在保证工人安全的条件下，稳定地保证焊接（　　　）。

　　　　A　数量　　　　　　B　质量　　　　　　C　速度　　　　　　D　均可
　9）制定焊接工艺规程时，一定要考虑到（　　　）。
　　　　A　技术标准　　　　B　制造标准　　　　C　质量标准　　　　D　细装标准
　10）解决产生焊接裂纹的方法是将每层焊道的堆焊方向互成（　　　）。
　　　　A　60°　　　　　　　B　70°　　　　　　C　80°　　　　　　D　90°。

（3）判断题（每题 1 分，共 10 分）。

1）焊接与切割设备的调试过程必须严格按照其使用规则进行。（　　　）
2）焊接工艺评定的因素是指影响焊接接头冲击韧度的焊接条件。（　　　）
3）在焊接工艺评定因素中，补加因素是指影响焊接接头强度和冲击韧度的工艺因素。
　　（　　　）
4）焊条电弧焊时，将评定合格的焊接位置改为向上立焊时属于重要因素。（　　　）
5）按压力容器焊接有关规定，施焊与受压元件相焊的焊缝前，其焊接工艺必须经评
　　定合格。（　　　）
6）当焊接方法改变时，不需进行工艺评定。（　　　）
7）改变热处理类别需重新进行工艺评定。（　　　）
8）焊接工艺评定除验证所拟定的焊接工艺的正确性外，并不起考核焊工操作技能的
　　作用。（　　　）
9）焊接工艺规程是制造焊件所有有关加工方法和实施要求的细则文件。（　　　）
10）焊接工艺规程是组织和管理焊接生产的基础依据。（　　　）

3.1.4　学习材料

3.1.4.1　焊接生产质量管理

A　焊接生产质量管理概念

　　质量管理的核心内涵是使人们确信某一产品（或服务）能满足规定的质量要求，并且使需方对供方能否提供符合要求的产品和是否提供了符合要求的产品掌握充分的证据，建立足够的信心，同时，也使本企业自己对能否提供满足质量要求的产品（或服务）有相当的把握而放心地组织生产。

　　对焊接生产质量进行有效的管理和控制，使焊接结构制作和安装的质量达到规定的要求，是焊接生产质量管理的最终目的。

　　焊接生产质量管理实质上就是在具备完整质量管理体系的基础上，运用下列 6 个基本观点，对焊接结构制作与安装工程中的各个环节和因素所进行的有效控制：

（1）系统工程观点；
（2）全员参与质量管理观点；
（3）实现企业管理目标和质量方针的观点；
（4）对人、机、物、法、环实行全面质量控制的观点；
（5）质量评价和以见证资料为依据的观点；

（6）质量信息反馈的观点。

B　焊接生产企业的质量管理体系

企业为了实现质量管理，制订质量方针和质量目标，分解产品（工程）质量形成过程，设置必要的组织机构，明确责任制度，配备必要设备和人员，并采取适当的控制方法使影响产品（工程）质量的五大因素都得到控制，以减少、消除、特别是预防质量缺陷的产生，所有这些形成的一个有机整体就是质量管理体系。该体系的建立与运转，可向需方提供自己的质量体系满足合同要求的各种证据，包括质量手册、质量记录和质量计划等。

焊接质量管理体系，国际标准有 ISO3834-1~4《焊接质量技术要求-金属材料熔化焊》，对应的国家标准为 GB/T 12467.1~4-2009，对应的欧洲标准为 EN729-1~4。认真学习和研究这些标准，并和企业的实际结合起来，建立起比较完善的焊接结构质量管理体系，对于提高企业的焊接质量管理水平和质量保证能力，确保焊接产品（工程）质量符合规定的要求具有重要的现实意义，并且也符合企业的长远发展和利益。

由于产品的质量管理体系是运用系统工程的基本理论建立起来的，因此可把产品制造的全过程，按其内在的联系，划分若干个既相对独立而又有机联系的控制系统、环节和控制点，并采取组织措施，遵循一定的制度，使这些系统、环节和控制点的工作质量得到有效的控制，并按规定的程序运转。组织措施，就是要有一个完整的质量管理机构，并在各控制、环节和点上配备符合要求的质控人员。

a　质量控制点的设置

质量控制点也称为"质量管理点"。

任何一个生产施工过程或活动总是有许多项的质量特性要求，这些质量特性的重要程度对产品（工程）使用的影响程度并不完全相同。例如，压力容器的安全性与原材料的材质好坏、焊缝的质量优劣关系很大，而容器表面的油漆刷涂颜色不均匀却只影响容器的外观。前者的后果是致命的，非常严重；后者是外观效果问题，在一定条件下，客户还是可以接受的。因此，为保证工序处于受控状态，在一定的时间和一定条件下，在产品制造过程中需要重点控制的质量特性、关键部件或薄弱环节就是质量控制点。

在什么地方设置质量控制点，需要对产品（工程）的质量特性要求和生产施工过程中的各个工序进行全面分析来确定。设置质量控制点一般应考虑以下原则：

（1）对产品（工程）的适用性（性能、精度、寿命、可靠性、安全性等）有严重影响的关键质量特性、关键部位或重要影响因素，应设质量控制点。

（2）对工艺上有严格要求，对下道工序的工作有严重影响的关键质量特性、部位应设质量控制点。

（3）对质量不稳定，出现不合格品多的工序或项目，应建立质量控制点。

（4）对用户反馈的重要不良项目应建立质量控制点。

（5）对紧缺物资或可能对生产安排有严重影响的关键项目应建立质量控制点。

焊接生产是焊接结构质量控制的最重要内容和环节。国际焊接学会（IIW）所制定的压力容器制造（包括现场组装）全过程的质量控制要点共 164 个，其中与焊接有关的质量控制点就有 122 个，见表 3-1-4。

表 3-1-4　国际焊接学会（IIW）的压力容器制造质量控制要点

控制项目	检查要点数	控制项目	检查要点数
计划与计算书审核	6	焊接过程控制	15
母材验收与控制	20	焊后控制	20
焊材等消耗材料验收与控制	30	热处理控制	20
焊接工艺评定	23	出厂前试验（水压试验等）	6
焊前准备工作控制	4		

b　焊接生产质量管理体系的主要控制系统与控制环节

焊接生产质量管理体系中的控制系统主要包括材料质量控制系统、工艺质量控制系统、焊接质量控制系统、无损检测质量控制系统和产品质量检验控制系统等。在每个控制系统均有自己的控制环节和工作程序、检查点及责任人员。

（1）材料质量控制系统，它是从编制材料计划到订货、采购、到货、验收、保管、发放、标记移植等全过程进行控制，重点是入厂（场）验收并严格管理和发放可靠，坚持标记移植制度。

（2）工艺质量控制系统，是对生产工艺或施工方案的分析确定、工艺规程和工艺卡的编制、生产定额估算等一系列工作进行控制的流程。

（3）焊接质量控制系统，其涉及的范围比较宽，主要包括焊工考试、焊接工艺评定、焊接材料管理、焊接设备管理和产品焊接这五条控制线。

（4）无损检测质量控制系统，无损检测按其任务不同，控制程序繁简不同。原材料只要求作超声波检验，经无损探伤责任工程师签发探伤记录报告后交材料检验员，作为原材料检验的一部分原始资料。而焊工技能考试及工艺评定试板的控制程序是相同的，其探伤记录报告签发后，交焊接试验室立案存档。

（5）产品质量控制系统实际上反映了产品制作全过程的控制，由于职责分工的不同，如材料、焊接、无损检测是由各独立的系统加以控制。

c　质量管理机构及工作方式

质量管理机构的设置和复杂程度，主要取决于产品质量管理控制系统、环节和点的划分情况。一般这些系统、环节和点划分得越细，质量管理机构就越复杂，需要的岗位责任人员也越多。质量管理机构是由一定的职能部门（如企业的质量管理办公室）、产品质量主要负责人（一般是企业的厂长或经理）、产品质量主要保证人（一般是指企业技术总责人或质量管理主要保证人，常称质量管理工程师）、各控制系统责任人（常称系统责任工程师或主管工程师）以及各控制点岗位责任人（多由各关键工序岗位生产人员担任）组成。各级质量控制责任人，除应对本岗位、本环节和本系统工作质量负责外，还应向上一级质量控制责任人、质量管理总负责人、最后向企业厂长（经理）保证工作，形成一个完整的质量控制网络。

d　建立"三检制度"

三检制度包括自检、互检、专检，是施行全员参与质量管理的具体表现。

（1）自检。

　　1）操作人员在操作过程中，必须进行个人自检，填写有关检验评定表中自检项目内容。经班组长验收后，方准继续其他部位的生产施工。

　　2）班组长对所负责的分项工程施工或零部件生产，必须按相应的质量验评表中所列的检查内容，在生产过程中逐项检查班组成员的操作质量。在完成后会同质量干事逐项地进行班组自检，并认真填写自检记录，经自检达标后方可提请工长或车间主任组织质量验收。

　　3）工长或车间主任除督促班组认真自检、填写自检记录，为班组创造自检条件外，还要对班组操作质量进行中间检查。在班组自检达标基础上，组织施工队或车间自检。经自检合格后，方可提请项目经理或单位质量负责人组织专职质量检验员进行质量核验。

　　4）项目经理或单位质量负责人必须认真地组织专检人员、有关工长（车间主任）、班组长进行所承担生产项目的质量核验。专检人员在核验时，要先查阅班组自检记录，无班组自检记录时，不予进行质量核验评定。

　　5）项目经理、工长在未经专检人员进行核验的分项任务，或虽经核验未达标时不得安排进行下道工序。否则要追究责任直至罚款。

　　（2）互检。

　　1）工种间的交接检。上道工序完成后下道工序插入前，必须组织交接双方工长、班组长进行交接检查。由交方工长填写"工种交接检查表"，经双方认真检查并签认后，方准进行下道工序施工。未经交接检或虽经交接检但未达到要求的产出物，接方可拒绝插入施工。

　　2）总、分包间的交接检。对规范、规程、标准及施工图中规定的，需要在工序间进行检查的项目，交方应按接方要求认真办理总分包交接检查表。移交有关资料和进行交接签证等工作，否则不得进行下道工序。

　　3）隐藏项目的交接检。有很多工序完成后，其产出物会被下道工序的产出物所掩盖或封闭。如箱型梁内的焊缝，即是被封闭隐藏的。负责做下道工序的单位必须在隐蔽前填写"隐蔽项目交接检查表"，与做前一道工序的单位办理交接检手续。经交方自检（指安装工程中的隐蔽部位）或交接双方共同检查，达到质量标准并经交接双方签认后，方可进行下一道工序的施工生产。否则，由做最后一道工序的单位或部门承担一切后果。

　　4）成品、半成品保护交接检。

　　①进行下道工序施工的单位在施工前，必须对已完成的成品、半成品进行保护。在生产施工过程中始终要采取防止成品、半成品损坏（或污染等）的有效措施。

　　②上道工序出成品、半成品后如不向下道工序办理成品、半成品保护手续，如果发生成品、半成品损坏、污染、丢失时，由负责上道工序的单位承担后果。

　　③对已办理成品、半成品保护交接检的项目，如发生成品损坏、污染、丢失等问题时，由做下道工序的单位承担后果。

　　（3）专检。

　　1）所有分项任务、"隐检"、"预检"项目，必须按程序，作为一道工序，提请专检人员进行质量检验评定。未经专检人员进行检验、评定的项目，或虽经检验、评定未达到质量标准的项目不得进行下道工序。对违反此规定的责任者，专检人员有对其实行罚款权利。

2）专检人员进行分项任务质量核验之前要先查阅班组自检记录是否符合要求，做到无自检记录或其不符合要求时，不予进行核验，以促进班组质量管理工作，对有自检记录的分项任务，在对其评定时应会同项目经理组织工长、班组长共同进行。并依专检人员核验评定的质量等级为准。

3）专检人员在核验评定分项任务工程质量等级时，必须按质量标准、质量控制设计目标认真检查、严格把关；在施工过程中，应认真检查原材料、成品、半成品的质量是否符合要求，并主动协助工长、班组长搞好质量管理和工程质量。要注重抓薄弱环节、抓重点部位、抓防止（治）质量通病及抓隐、预检等工作。

e　建立健全质量信息系统

建立健全质量信息系统主要应该由专职的质量管理人员、技术人员来执行。但是，生产工人在其中也应发挥积极的作用。生产现场中的质量缺陷预防、质量维持、质量改进，以及质量评定都离不开及时正确的质量动态信息、指令信息和质量反馈信息。对各种需要的数据进行收集、整理、传递和处理，形成一个高效率的信息闭环系统，是保证现场质量管理正常开展的基本条件之一。

质量动态信息是指生产施工现场的质量检验记录，各种质量报告，工序控制记录，原材料、半成品、构件及配套件的质量动态等。指令信息是上级管理部门发出的各种有关质量工作的指令。这些指令是质量工作必须遵循的准则，也是质量管理活动中进行比较的标准。质量反馈信息是指执行质量指令过程中产生的偏差信息，即与规定目标、要求、标准比较后出现的异常情况信息。这种异常信息要及时反馈到有关人员和相应的决策机构，以便迅速做出新的判断形成新的调节指令信息。

现场生产工人在日常的生产活动中，都应该提供必要的质量动态信息和质量反馈信息。而这些信息又可为制定指令信息提供第一手资料。

现场质量管理中应注意以下三点：

（1）在现场质量管理中，应该根据施工过程中进行的质量缺陷预防、质量维持、改进、评定等应有质量职能明确规定相应的责任及相互间的协调关系，并赋予应有的权限，落实到有关部门和具体人员中去，并坚持检查考核，同奖惩挂钩。

（2）还应该根据现场施工过程要实现的质量目标，将以上工作和活动加以标准化、制度化、程序化，进而构成现场的质量体系。

（3）为了促进工人严格遵守工艺纪律，有必要建立考察工艺纪律执行情况的奖惩责任制。

3.1.4.2　焊接工序质量的影响因素及对策

A　概念

工序质量是指在生产过程中加工工序对产品质量的保证程度。换句话说，产品质量是以工序质量为基础的，必须具有优良的工序加工质量才能生产出优良的产品。产品的质量不仅仅是在完成全部加工装配工作之后，通过由专职检验人员测定若干技术参数，并获得用户认可就算达到了要求，而是在加工工序一开始就存在并贯穿于生产的全过程中。最终产品合格与否，决定于全部工序误差的累积结果。所以，工序是生产过程的基本环节，也是检验的基本环节。

焊接结构的生产包括许多工序，如金属材料的去污除锈、备料时的校直、划线、下料、坡口边缘加工、成型,焊接结构的配装、焊接、热处理等。各个工序都有一定的质量要求,并存在影响其质量的因素。由于工序的质量最终将决定产品的质量,因此,必须分析影响工序质量的各种因素,采取切实有效的控制措施,才能保证焊接产品的质量。

B　影响工序质量的因素

影响工序质量的因素概括起来有人员、设备、材料、工艺方法和生产环境 5 个方面,简称“人、机、料、法、环”五因素。各个因素对不同工序质量的影响程度有很大差别,应具体情况具体分析。焊接,是焊接结构生产中的重要工序,影响其质量的因素同样是上述 5 个方面。

a　人——施焊操作人员因素

各种不同的焊接方法对操作人员的依赖程度不同。对于手工电弧焊接,焊工的操作技能和谨慎的工作态度对保证焊接质量至关重要。对于埋弧自动焊,焊接工艺参数的调整和施焊也离不开人的操作。对于各种半自动焊,电弧沿焊接接头的移动也是靠焊工掌握。若焊工施焊时质量意识差,操作粗心大意,不遵守焊接工艺规程,或操作技能低下、技术不熟练等都会影响直接焊接的质量。对施焊人员的控制措施如下:

(1) 加强对焊工“质量第一、用户第一、下道工序是用户”的质量意识教育,提高他们的责任心和一丝不苟的工作作风,并建立质量责任制。

(2) 定期对焊工进行岗位培训,从理论上掌握工艺规程,从实践上提高操作技能水平。

(3) 生产中要求焊工严格执行焊接工艺规程,加强焊接工序的自检与专职检验人员的检查。

(4) 认真执行焊工考试制度,坚持焊工持证上岗,建立焊工技术档案。

对于重要或重大的焊接结构生产,还需对焊工进行更细化的考量。例如,焊工培训时间的长短、生产经验、目前的技术状况、年龄、工龄、体力、视力、注意力等,应当全部纳入考核的范围。

b　机——焊接机器设备因素

各种焊接设备的性能及其稳定性与可靠性直接影响焊接质量。设备结构越复杂,机械化、自动化程度越高,焊接质量对它的依赖性也就越高。所以,要求这类设备具有更好的性能及稳定性。对焊接设备在使用前必须进行检查和试用,对各种在役焊接设备要实行定期检验制度。

在焊接质量保证体系中,从保证焊接工序质量出发,对焊接机器设备应做到以下几点:

(1) 定期对焊接设备维护、保养和检修,重要焊接结构生产前要进行试用。

(2) 定期校验焊接设备上的电流表、电压表、气体流量计等各种仪表,保证生产时计量准确。

(3) 建立焊接设备状况的技术档案,为分析、解决出现的问题提供思路。

(4) 建立焊接设备使用人员责任制,保证设备维护的及时性和连续性。

另外,焊接设备的使用条件,如对水、电、环境等的要求,焊接设备的可调节性、运行所需空间、误差调整等也需要充分注意,这样才能保证焊接设备正常使用。

c　料——焊接原材料因素

焊接生产所使用的原材料包括母材、焊接材料(焊条、焊丝、焊剂、保护气体)等,这些材料的自身质量是保证焊接产品质量的基础和前提。为了保证焊接质量,原材料的质量检验很重要。在生产的起始阶段，即投料之前就要把好材料关，才能稳定生产，稳定焊接产品的质量。在焊接质量管理体系中，对焊接原材料的质量控制主要有以下措施：

（1）加强焊接原材料的进厂验收和检验，必要时要对其理化指标和力学性能进行复验。

（2）建立严格的焊接原材料管理制度，防止储备时焊接原材料的污损。

（3）实行在生产中焊接原材料标记运行制度，以实现对焊接原材料质量的追踪控制。

（4）选择信誉比较高、产品质量比较好的焊接原材料供应厂和协作厂进行订货和加工，从根本上防止焊接质量事故的发生。

总之，焊接原材料的把关应当以焊接规范和国家标准为依据，及时追踪控制其质量，而不能只管进厂验收，忽视生产过程中的标记和检验。

d　法——焊接工艺方法因素

焊接质量对工艺方法的依赖性很强，在影响焊接工序质量的诸因素中占有非常突出的地位。工艺方法对焊接质量的影响主要来自两个方面：一方面是工艺制订的合理性；另一方面是执行工艺的严格性。首先要对某一产品或某种材料的焊接工艺进行工艺评定，然后根据工艺评定报告和图样技术要求制订焊接工艺规程，编制焊接工艺说明书或焊接工艺卡，这些以书面形式表达的各种工艺参数是指导施焊时的依据，它是根据模拟相似的生产条件所做的试验和长期积累的经验以及产品的具体技术要求而编制出来的，是保证焊接质量的重要基础，它有规定性、严肃性、慎重性和连续性的特点。通常由经验比较丰富的焊接技术人员编制，以保证它的正确性与合理性。在此基础上确保贯彻执行工艺方法的严格性，在没有充足根据的情况下不得随意变更工艺参数，即使确需改变，也得履行一定的程序和手续。

不合理的焊接工艺不能保证焊出合格的焊缝，但有了经评定验证的正确合理的工艺规程，若不严格贯彻执行，同样也不能焊出合格的焊缝。两者相辅相成，相互依赖，不能忽视或偏废任何一个方面。在焊接质量管理体系中，对影响焊接工艺方法的因素进行有效控制的做法是：

（1）必须按照有关规定或国家标准对焊接工艺进行评定。

（2）选择有经验的焊接技术人员编制所需的工艺文件，工艺文件要完整和连续。

（3）按照焊接工艺规程的规定，加强施焊过程中的现场管理与监督。

（4）在生产前，要按照焊接工艺规程制作焊接产品试板与焊接工艺检验试板，以验证工艺方法的正确性与合理性。

还有，就是焊接工艺规程的制定无巨细，对重要的焊接结构要有质量事故的补救预案，把损失降到最低。对各种焊接工艺方法的重要因素和补加因素的考量可参考表 3-1-5，对各种焊接方法的次要因素的考量可参考表 3-1-6。

表 3-1-5　焊接工艺方法的重要因素、补加因素与焊接缺陷的关系

工艺条件	夹渣	未熔合	未焊透	咬边	变形	气孔	裂纹	焊接人员
焊接方法	○	○	○	○	○	○	○	◎
焊接材料	△	△	△	○		◎	◎	◎
施焊位置	◎	◎	◎	○	○	△	○	◎

续表 3-1-5

工艺条件	夹渣	未熔合	未焊透	咬边	变形	气孔	裂纹	焊接人员
焊接接头	◎	◎	◎	◎	◎	◎	◎	○
焊接结构				○	◎	○	○	◎
定位焊	○	○	○		◎	○	○	○
焊工培训	○	○	○	◎	○	○	○	◎

注：◎表示有很大关系；○表示有一定关系；△表示关系一般。

表 3-1-6　焊缝工艺方法的次要因素与焊接缺陷的关系

施焊工艺	夹渣	未熔合	未焊透	咬边	变形	气孔	冷裂	热裂
焊缝坡口形式	◎	◎	◎	○				
坡口清理情况						◎	◎	
中间焊道形状	◎	◎						
焊缝除渣情况	◎							
焊前预热情况	△	△	△			○	◎	
焊接电流大小			○	◎		◎	○	
焊接电弧长度						◎		△
焊条运条角度	○	○	○	○				
焊接运条方式					△			
焊缝熔敷方式	△	△	△	△				
施焊位置								
自然环境风力						○	○	

注：符号含义同表 3-1-5。

e　环——环境因素

在特定环境下，焊接质量对环境的依赖性也是较大的。焊接操作常常在室外露天进行，必然受到外界自然条件（如温度、湿度、风力及雨雪天气）的影响，在其他因素一定的情况下，也有可能单纯因环境因素造成焊接质量问题。所以，也应引起一定的注意。在焊接质量管理体系中，环境因素的控制措施比较简单，当环境条件不符合规定要求时，如风力较大，风速大于四级，或雨雪天气，相对湿度大于 90%，可暂时停止焊接工作，或采取防风、防雨雪措施后再进行焊接，在低气温下焊接时，低碳钢不得低于 -20℃，普通合金钢不得低于 -10℃，如超过这个温度界限，可对工件进行适当的预热。

通过以上对影响焊接工序质量的 5 个方面的因素及其控制措施、原则的分析，可以看到，5 个方面的因素互相联系，互相交叉，考量时要有系统性和连续性。

3.1.4.3　焊接过程的质量控制

A　焊前的质量控制

焊前的各项质量检验是焊接质量控制的开始，它主要包括焊接原材料质量控制、焊接前个工序质量控制、焊接工艺评定，良好的开始是成功的一半。

a 原材料质量控制

（1）金属原材料的质量检验 焊接结构使用的金属材料种类很多，即使同种类的金属材料也有不同的型号。使用时应根据金属材料的型号，出厂质量检验证明书（合格证）加以鉴定。同时，还须作外部检查和抽样复核，以检查发现在运输过程中产生的外部缺陷和防止型号错乱。对于有严重外部缺陷的应挑出不用，对于没有出厂合格证或新使用的材料必须进行化学成分分析、力学性能试验及可焊性试验后才能投产使用。

（2）焊丝质量的检验 焊接碳钢和合金钢所用的焊丝其化学成分、力学性能、焊接性能等应符合国家标准。在使用前，每捆焊丝必要时应进行化学成分复核、外部检查及直径测量。焊丝表面不应有氧化皮、锈蚀、油污等。若采用化学酸洗法清除焊丝上的氧化皮、锈蚀时，应注意控制酸洗的时间，若酸洗时间过长，而又立即使用时，会影响焊接质量，甚至出现裂纹。

（3）焊条质量的检验 焊条质量检验应首先检查其外表质量，然后核实其化学成分、力学性能、焊接性能等是否符合国家标准或出厂的要求。对焊条的化学成分及力学性能进行检查时，首先用这种焊条焊成焊缝，然后对其焊缝进行化学成分和力学性能测定，合格的焊条其焊缝金属的化学成分及力学性能应符合其说明书所规定的要求。

焊接性能良好的焊条，是指在说明书中所推荐的规范下焊接时，焊条容易起弧、电弧稳定、飞溅少、药皮熔化均匀、熔渣不影响连续焊接、熔渣流动性好、覆盖均匀、脱渣容易；并且在一般情况下，焊缝中不应有裂纹、气孔，夹渣等工艺缺陷。

焊条的药皮应是紧密的，没有气孔、裂纹、肿胀和未调匀的药团，同时要牢固地紧贴在焊芯上并且有一定的强度，直径小于 4mm 的焊条，从 0.5m 处平放自由落在钢台上，药皮不损坏。药皮在焊芯上应同心。药皮偏心的焊条，除发生偏弧外，还破坏其焊接性能。

使用焊条时，还需注意运输过程和保管时是否受到损伤和受潮变质。变质和损伤的焊条不能使用。焊条施焊前需经烘干，以去除水分。

（4）焊剂的检验 检验焊剂时应根据国家标准的规定进行。焊剂检验主要是检查其颗粒度、成分、焊接性能及湿度。焊剂应与焊丝配合使用方能保证焊缝金属的化学成分及力学性能满足要求，焊接不同种类的钢材，则要求不同类型的焊剂配合。具有良好性能的焊剂，其电弧燃烧稳定，焊缝金属成型良好，脱渣容易，焊缝中没有气孔、裂纹等缺陷。

焊剂颗粒度随焊剂的类型不同而不同，如低硅中氟型和中硅中氟型，其颗粒的大小为 0.4~3mm，高硅中氟型或低硅高氟型的为 0.25~2mm。焊剂的单位体积质量即 100cm^3 的干燥焊剂其质量与体积之比，玻璃状焊剂应在 1.4~1.6g/cm^3，浮石状焊剂为 0.7~0.9g/cm^3。焊剂的湿度要求取 100g 焊剂在经 300~400℃ 烘烤 2h 后，所含水分不得超过 1%。焊剂在使用前，必须按规定的要求烘干，没有注明要求的均须经 250℃ 烘 1~2h。

b 焊接前各工序质量控制

（1）生产图纸和工艺。焊接前必须首先熟悉焊接结构生产工艺图纸和工艺，这是保证焊接产品顺利生产的重要环节。主要内容包括如下几方面：

1）产品的结构形式、采用的材料种类及技术要求；

2）产品焊接部位的尺寸、焊接接头及坡口的结构形式；

3）采用的焊接方法、焊接电流、焊接电压、焊接速度、焊接顺序等，焊接过程中预热及层间温度的控制；

4）焊后热处理工艺、焊件检验方法及焊接产品的质量要求。

（2）母材预处理和下料。

1）母材预处理。金属结构材料的预处理主要是指钢材在使用前进行矫正和表面处理。钢材在吊装运输和存放过程中如果不严格遵守有关的操作规程，往往会产生各种变形。例如整体弯曲、局部弯曲、波浪形变形等，不可直接用于生产而必须加以矫正。薄板矫正多用多辊轴矫平机，卷筒钢板开卷也可采用矫平机矫平。厚板应采用大型水压机在平台矫正，型钢的弯曲变形可采用专用的型钢矫正机进行矫正。

钢板和型钢发生局部弯曲可用火焰矫正法矫正。加热温度一般不超过钢材回火温度，加热后可在空气中冷却或喷水冷却。

钢材表面的氧化物、铁锈及油污对焊缝的质量会产生不利的影响，焊接前必须将其清除。清理方法有机械法和化学法两种。机械清理法包括喷砂、喷丸、砂轮修磨和钢丝轮打磨等，其中喷丸效果较好，在钢板预处理连续生产线中大多采用喷丸清理工艺。化学清理法通常采用酸溶液清理，即将钢材浸入 2%～4% 的硫酸溶液槽内，保持一定时间后取出后放入 1%～2% 的石灰石液槽内中和，取出烘干。钢材表面残留的石灰膜可防止金属表面再次氧化，切割或焊接前将其从切口或坡口面上清除即可。

2）下料。焊件毛坯的切割下料是保证结构尺寸精度的重要工作，应严格控制。采用机械剪切、手工热切割和机械热切割法下料，应在待下料的金属毛坯上按图样和 1:1 的比例进行划线。对于批量生产的工件，可采用按图样的图形和实际尺寸制作的样板划线。每块都应注明产品、图号、规格、图形符号和孔径等，并经检查合格后才能使用。手工划线和样板的尺寸公差应符合标准规定，并考虑焊接的收缩量后和加工余量。

钢材可以采用剪床剪切下料或采用热切割方法下料。常用热切割方法有火焰切割、等离子弧切割和激光切割。激光切割多用于薄板的精密切割。等离子弧切割主要用于不锈钢及有色金属的切割。

不锈钢钢板切割下料时应注意切口附近的硬化现象。因为硬化带对钢板性能有不利影响，所以应采用机械加工方法去除掉。合金元素含量超过 3% 的高强度钢和耐热钢厚板切割时，表面会产生淬硬现象，严重时会导致形成切割裂纹。因此，低合金高强度钢和耐热钢厚板切割前，应将切口的起始端预热 100～150℃，当钢板厚度超过 70mm 时，应在切割前将钢板进行退火处理。

3）坡口加工。为使焊缝的厚度达到规定的尺寸不出现焊接缺陷和获得全焊透的焊接接头，焊缝的边缘应按板厚和焊接工艺要求加工成各种形式的坡口。

常用焊接接头坡口形式有 V 形、X 形、U 形及双 U 形。设计和选择坡口焊缝时，应考虑坡口角度、根部间隙、钝边和根部半径。

焊条电弧焊时，为保证焊条能够接近焊接接头根部以及多层焊时侧边熔合良好，坡口角度与根部间隙之间应保持一定的比例关系。当坡口角度减小时，根部间隙必须适当增大。因为根部间隙过小，根部难以熔透，必须采用较小规格的焊条，降低焊接速度；反之如果根部间隙过大，则需要较多的填充金属，提高了焊接成本和增大了焊接变形。

熔化极气体保护焊由于采用的焊丝较细，且使用特殊导电嘴，可以实现厚板（大于200mm）I 形坡口的窄间隙对接焊。

开有坡口的焊接接头，一般需要留有钝边来确保焊缝质量。钝边高度以既保证熔透又不致烧穿为佳。焊条电弧焊 V 形或双面 U 形坡口取 0~3mm，双面 V 形或双面 U 形坡口取 0~2mm。埋弧焊的熔深比焊条电弧焊大，因此钝边可适当增加，以减少填充金属。

带有钝边的接头，根部间隙主要取决于焊接位置和焊接工艺参数，在保证焊透的前提下，间隙尽可能减小。

坡口加工可以采用机械加工或热切割法。V 形坡口和 X 形坡口可以在机械气割下料时，采用双割据或三割据同时完成坡口的加工。

坡口加工的尺寸公差对于焊件的组装和焊接质量有很大的影响，应严格检查和控制。坡口的尺寸公差一般不超过±0.5mm。

4）成型加工。大多数焊接结构，如压力容器。船舶、桥梁和重型机械等，许多部件为达到产品设计图纸的要求，焊接之前都需要经过成型加工。成型工艺包括冲压、卷制、弯曲和旋压等。

圆筒形和圆锥形焊件，如压力容器的筒体和过渡段、锅炉锅筒、大直径管道等都是采用不同厚度的钢板卷制而成的。卷制通常在三辊筒或四辊筒卷板机上进行，厚壁筒体也可采用特制的模具在水压机上冲压成型。筒体的卷制实质上是一种弯曲工艺。在常温下弯曲，即冷弯时，工件的弯曲半径不应小于该种材料特定的最小值，对于普通碳素结构钢，弯曲半径不应小于 25δ（δ 为板厚），否则材料的力学性能会大大下降。冷卷的筒体，当其外层纤维的伸长率超过 15% 时，应在冷卷后做回火处理，以消除冷作硬化引起的不良后果，通常板厚小于 50mm 的钢板应采用热卷或热压成型。

正常的热卷或热冲压温度应选择在材料的正火温度，以保证热成型后材料仍保持标准规定的力学性能。当卷制某些对高温作用较敏感的合金钢板时，应制备母材金属试板，且随炉加热并随工件同时出炉，以检验母材金属成型后的力学性能是否符合标准的规定。

压力容器、锅筒、储罐等球形封头、顶盖、球罐通常采用水压机或油压机在特制的模具上冷冲压或热冲压而成。当冲压后的工件冷变形程度超过容许极限或冲压温度超过材料正常的正火温度时，冲压后工件应作相应热处理，以恢复材料的力学性能。奥氏体不锈钢冷冲压件，冲压后应作固溶处理。

在许多焊接结构中大量采用管件和型材，一般也要求按设计图纸弯曲成型，管材弯曲可按管子直径、壁厚和成型精度要求分别采用手动、电动、液压传动以及数控液压弯管机。型材的弯曲可采用三辊或四辊型材弯曲机。

5）装配。焊接结构在生产中为保证产品质量，常需要转配和焊接机械装备。焊接机械装备种类繁多，有简单的夹具，也有复杂的焊接变位机械。装配与焊接机械装备的特点与适用场合见表 3-1-7。

表 3-1-7　装配与焊接机械装备的特点与适用场合

机械装备	特点与适用场合
夹具	功能单一，主要起定位和夹紧作用；结构较简单，多由定位元件、夹紧元件和夹具组成，一般没有连续动作的传动机构；手动的夹具可携带和挪动，适于现场安装或大型金属结构的装配和焊接场合下使用
焊件变位机	焊件被夹持在可变位的台或架上，该变位台或架由机械传动机构使之在空间变换位置，以适应装配和焊接需要，适于结构比较紧凑、焊缝短而分布不规则的焊件装配和焊接时使用

机械装备	特点与适用场合
焊机变位机	焊机或焊接机头通过该机械实现平移、升降等运动,使之达到施焊位置并完成焊接。多用于焊件变位有困难的大型金属结构的焊接,可以和焊件变位机配合使用
焊工变位机	由机械传动机构实现升降,将焊工送至施焊部位,适用于高大焊接产品的装配、焊接和检验等

6) 焊前预热。焊前预热是防止厚板焊接结构、低合金和中合金钢接头焊接裂纹的有效措施之一。焊前预热有利于改善焊接过程的热循环,降低焊接接头区域的冷却速度,防止焊缝与热影响区产生裂纹,减少焊接变形,提高焊缝金属与热影响区的塑性与冲击韧性。

焊件的预热温度应根据母材的含碳量和合金含量、焊件的结构形式和接头的拘束度、所选用焊接材料的扩散氢含量、施焊条件等因素来确定。母材含碳量和合金含量越高,厚度越大,焊前要求的预热温度也越高。钢制压力容器焊前预热 100℃ 以上的钢种厚度见表 3-1-8。

表 3-1-8 钢制压力容器预热 100℃以上钢种厚度

钢种	碳钢	16MnR	15MnVR
厚度/mm	>38	>34	>32

对于焊接工程结构,可以采用碳当量(CE)和冷裂纹指数法确定预热温度。碳当量和低合金钢焊接根据碳当量范围确定预热温度,见表 3-1-9。

表 3-1-9 典型钢种根据碳当量范围确定预热温度

碳当量	预热温度/℃
$CE<0.45\%$	无需预热
$0.45\% \leqslant CE<0.6\%$	100～200
$CE \geqslant 0.6\%$	200～370

c 焊接工艺评定

(1) 焊接工艺评定的目的。焊接工艺评定是通过焊接接头的力学性能或其他性能的试验证实焊接工艺规程的正确性和合理性的一种程序。生产厂家应按国家有关标准、监督规程或国际通用的法规,自行组织并完成焊接工艺评定工作。

焊接工艺评定试验不同于以科学研究和技术开发为目的而进行的试验,其目的主要有两个:一是为了验证焊接产品制造之前所拟定的焊接工艺是否正确;二是评定在所拟定的焊接工艺是合格的情况下,焊接结构生产单位能否制造出符合技术条件要求的焊接接头。所以焊接工艺评定的目的在于检验、评定拟定焊接工艺的正确性、是否合理、是否能满足产品设计和标准规定,评定制造单位是否有能力焊接出符合要求的焊接接头,为制定焊接工艺提供可靠依据。

(2) 焊接工艺评定的一般程序。各生产单位因产品质量管理机构不尽相同,工艺评定程序会有一定差别。以下为焊接工艺评定的一般程序。

1) 焊接工艺评定立项;

2) 下达焊接工艺评定任务书;

3）编制焊接工艺指导书；

4）编制焊接工艺评定试验执行计划；

5）试件的准备和焊接；

6）焊接试件的检验；

7）编写焊接工艺评定报告。

对于评定中不合格的项目，应找出原因并纠正后正确进行评定。最后应将所有软件，如焊接工艺评定任务书、焊接工艺评定报告、施焊记录、各项检验试验报告等存档保存，以备调用。

总之，焊前的质量控制是要检查被焊产品焊接接头坡口的形状、尺寸、装配间隙、错边量是否符合图纸要求，坡口及其附近的油漆、氧化皮是否按工艺要求清除干净，选用的焊材是否按规定的时间、温度烘干，焊丝表面的油锈是否除尽，焊接设备是否完好，电流、电压显示装置是否灵敏，需预热的材料是否按规定预热，焊工是否具有相应资格证书或技术水平等。只有以上各个环节全部符合工艺要求，方可进行焊接。

B　焊接过程质量控制

焊接生产过程中的质量控制是焊接中最重要的环节，一般是先按照设计要求选定焊接工艺参数，然后边生产、边检验。每一工序都需要按照焊接工艺规范或国家标准检验，主要包括焊接规范的检验、焊缝尺寸检验、焊接工装夹具的检验与调整、焊接结构装配的检查等。

a　焊接规范的检验

焊接规范是指焊接过程中的工艺参数，如焊接电流、焊接电压、焊接速度、焊条（焊丝）直径、焊接的道数、层数、焊接顺序、电源的种类和极性等。焊接规范及执行规范的正确与否对焊缝和接头质量起着决定作用。正确的规范是在焊前进行试验、总结而取得的。有了正确的规范，还要在焊接过程中严格执行，才能保证接头质量的优良和稳定。对焊接规范的检查，不同的焊接方法有不同的内容和要求。

（1）手工电弧焊规范的检验。手弧焊必须一方面检验焊条的直径和焊接电流是否符合要求，另一方面要求焊工严格执行焊接工艺规定的焊接顺序、焊接道数、电弧长度等。

（2）埋弧自动焊和半自动焊焊接规范的检验。埋弧自动焊和半自动焊除了检查焊接电流、电弧电压、焊丝直径、送丝速度、焊接速度（对自动焊而言）外，还要认真检查焊剂的牌号、颗粒度、焊丝伸出长度等。

（3）电阻焊规范的检验。对于电阻焊，主要检查夹头的输出功率、通电时间、顶锻量、工件伸出长度、工件焊接表面的接触情况、夹头的夹紧力和工件与夹头的导电情况等。实施电阻焊时还要注意焊接电流、加热时间和顶锻力之间的相互配合。压力正常但加热不足，或加热正确而压力不足都会形成未焊透。电流过大或通电时间过长，会使接头过热，降低其力学性能。对于点焊，要检查焊接电流、通电时间、初压力以及加热后的压力、电极表面及工件被焊处表面的情况等是否符合工艺规范要求。对焊接电流、通电时间、加热的压力三者之间是否配合恰当要认真检查，否则会产生缺陷。如加热后的压力过大，会使工件表面显著凹陷和部分金属被挤出，压力不足，会造成未焊透，电流过大或通电时间过长，会引起金属飞溅和焊点缩孔。

（4）气焊规范的检验。气焊主要检查焊丝的牌号、直径、焊嘴的号码。并检查可燃气体的纯度和火焰的性质。如果选用过大的焊嘴，会使焊件烧坏，过小则会形成未焊透。使用过分还原性火焰会使金属渗碳，而氧化焰会使金属激烈氧化，这些都会使焊缝金属力学性能降低。

　　b　焊缝尺寸的检查

　　焊缝尺寸的检查应根据工艺卡或国家标准所规定的精度要求进行。一般采用特制的量规和样板来测量。最普通的测量焊缝的量具是样板，样板是分别按不同板厚的标准焊缝尺寸制造出来的，样板的序号与钢板的厚度相对应。例如，测量 12mm 厚的板材的对接焊缝，则选用 12mm 的一片进行测量。此外，还可用万能量规测量，它可用来测量 T 形接头焊缝的焊脚的凸出高量及凹下量，对接接头焊缝的余高，对接接头坡口间隙等。

　　c　夹具工作状态检查

　　夹具是结构装配过程中用来固定、夹紧工件的工艺装备。它通常要承受较大的载荷，同时还会受到由于热的作用而引起附加应力的作用。故夹具应有足够的刚度、强度和精确度。在使用中应对其进行定期的检修和校核。检查它是否妨碍对工件进行焊接，焊接后工件由于热的作用而发生的变形，是否会妨碍夹具卸下取出。当夹具不可避免地要放在施焊处附近时，是否有防护措施，防止因焊接时的飞溅而破坏了夹具的活动部分，造成卸下取出夹具困难。还应检查夹具所放的位置是否正确，会不会因位置放置不当引起工件尺寸的偏差和因夹具自身重量而造成工件的歪斜变形。此外还要检查夹紧是否可靠。不应因零件热胀冷缩或外来的震动而使夹具松动失去夹紧能力。

　　d　结构装配质量的检验

　　在焊接之前进行装配质量检验是保证结构焊接后符合图纸要求的重要措施。对焊接装配结构主要应做如下几项的检查：

　　（1）按图纸检查各部分尺寸，基准线及相对位置是否正确，是否留有焊接收缩余量、机械加工余量等。

　　（2）检查焊接接头的坡口形式及尺寸是否正确。

　　（3）检查定位焊的焊缝布置是否恰当，能否起到固定作用，是否会给焊后带来过大的内应力。同时一并检验定位焊焊缝的缺陷，若有缺陷要及时处理。

　　（4）检查焊接处是否清洁，有无缺陷（如裂缝、凹陷、夹层等）。

　　C　焊后成品质量控制

　　a　焊后成品质量检验

　　焊接产品虽然在焊前和焊接过程中进行了检验，但由于需方对产品的整体要求，以及使用时条件的变化、波动等都有可能引发新的缺陷，所以，为了保证产品的质量，对成品也必须进行质量检验。成品检验的方法很多，应根据产品的使用要求和图纸的技术条件进行选用。焊接结构成品主要检验外观和无损探伤。同时，焊接产品在使用中的检验也是成品检验的一部分。当然，由于使用中的焊接产品其检验的条件发生了改变，所以，检验的过程和方法也有所变化。

　　（1）外观检查和测量。

　　焊接接头的外观检验是一种手续简便而又应用广泛的检验方法，是成品检验的一个重要内容。这种方法有时也使用在焊接过程中，如厚壁焊件做多层焊时，每焊完一层焊道时便采用这种方法进行检查，防止前道焊层的缺陷被带到下一层焊道中。

外观检查主要是发现焊缝表面的缺陷和尺寸上的偏差。这种检查一般是通过肉眼观察，并借助标准样板、量规和放大镜等工具来进行检验的。所以，也称为肉眼观察法或目视法。

（2）致密性检验。贮存液体或气体的焊接容器，其焊缝的不致密缺陷，如贯穿性的裂纹、气孔、夹渣、未焊透以及疏松组织等，可用致密性试验来发现。致密性检验方法有煤油试验、沉水试验、吹气试验、水冲试验、氨气试验和氦气试验等。

（3）受压容器焊接接头的强度检验。由于受压容器产品具有特殊性和整体性，所以，对这类产品进行的接头强度检验只能通过检验其完整产品的强度来确定焊接接头是否符合产品的设计强度要求。这种检验方法常用于贮藏液体或气体的受压容器检查上，一般除进行密封性试验外，还要进行强度试验。

（4）物理方法的检验。物理检验方法是利用一些物理现象进行测定或检验被检材料或焊件的有关技术参数，如温度、压力、黏度、电阻等，来判断其内部存在的问题。如内应力分布情况，内部缺陷情况等。有关材料技术参数测定的物理检验方法属于材料测试技术。材料或焊件内部缺陷存在与否的检验，一般都是采用无损探伤的方法。目前的无损探伤方法有超声波探伤、射线探伤、磁力探伤、渗透探伤等。

（5）焊接结构设计鉴定。为使焊接检验能顺利进行，必须对焊接结构设计进行鉴定。需要进行检验的焊接结构应具备可检验的条件，也就是应具有可探伤性。一个焊接产品能进行探伤，应具有如下的条件：有适当的探伤空间位置；有便于进行探伤的探测面；有适宜探伤的探测部位的底面。

由于探伤方法很多而且各有不同。因此，各种方法要求的探伤空间、探测表面和探测部位的底面也有所不同，具体情况可参见表 3-1-10。当焊接产品制成后，如不能满足可探伤条件，则应在产品装焊过程中逐步探伤，但最后装焊的焊缝，应是具有可探伤条件的焊缝。在创造可探伤条件时，应考虑经济性、可靠性和得到最高的探伤灵敏度。

表 3-1-10　产品进行探伤时各种探伤方法所要求的条件

探伤方法	探伤空间位置的要求	探测表面的要求	探测部位的底面要求
射线探伤	要较大的空间位置，以满足射线机头的位置要求和调整焦距	表面不需机械加工，只需清除影响显示缺陷的东西，并有放置铅字码、铅箭头和透度计的位置	能放置暗盒
超声探伤	要求较小的空间位置，只放置探头和探头移动的空间	尽可能作表面加工，以利于声波耦合。并有探头移动的表面范围	反射法时，背面要求良好的反射面
磁力探伤	要有磁化探伤部位撒放磁粉、观察缺陷的空间位置	清除影响磁粉聚积的氧化皮等污物，并有探头工作的位置	
渗透探伤	要有涂布探伤剂和观察缺陷的空间	要求清除表面污物	若煤油探伤，背面要求有涂煤油的空间，并要清除妨碍煤油渗透的污物

b　焊接产品服役质量检验

（1）焊接产品交付后的检验。

1）焊接产品检验程序和检验项目：查验检验资料是否齐全；核对焊接产品质量证明文件；检查焊接产品实物和质量证明文件是否一致；按照有关安装规程和技术文件规定进行焊接产品质量检验；对焊接产品重要部位、易产生质量问题的部位、运输中易破损和变形的部位应给予特别注意，重点检验。

2）焊接产品检验方法和验收标准：焊接成品的检验方法和验收标准应当与焊接产品制造过程中所采用的检验方法、检验项目、验收标准相同。

3）焊接质量问题的现场处理：

①发现漏检，应作补充检查并补齐质量证明文件；

②因检验方法、检验项目或验收标准等不同而引起的质量问题，应尽量采用同样的检验方法和评定标准，重新评定焊接产品是否合格；

③可修可不修的焊接缺陷一般不退修，焊接缺陷明显超标，应进行退修，其中大型焊接结构应尽量在现场修复，较小焊接结构而修复工艺复杂者也应及时返厂修复。

（2）焊接产品服役质量的检验。

1）焊接产品运行期间的质量监控。焊接产品运行期间一般采用声发射技术经常监控运行情况。

2）焊接产品检修质量的复查。对苛刻条件（腐蚀介质、交变载荷、热应力）下工作的焊接产品，有计划地定期复查。

3）服役焊接产品质量问题现场处理。对重要焊接产品的退修要重新进行工艺评定，验证焊接工艺，制定返修工艺措施，编制质量控制指导书和记录卡。

（3）焊接结构破坏事故的现场调查与分析。

1）现场调查与分析：保护焊接结构破坏现场，收集所有运行记录；查明运行操作过程是否正确；查明焊接结构断裂位置；检查断口部位的焊接接头表面质量和断口质量；测量已破坏结构部分的实际厚度，核对它的厚度是否符合图样要求，并为重新设计校核提供依据。

2）对母材和焊缝取样分析：重新对已破坏结构部分进行金相检验；重新复查已破坏结构部分的化学成分；重新复查已破坏结构部分的力学性能。

3）复查焊接结构的制造工艺过程：对照设计说明书重新复查焊接结构的设计参数，考查是否符合国家标准，焊接结构的制造工艺过程是否合乎规定，查清责任，为确定修复工艺做必要的准备。

c　焊接检验档案的建立。焊接检验档案也是整个焊接生产质量保证体系中的重要组成部分。它不仅反映了焊接产品的实际质量，并且，为焊接质量控制工作提供了信息，为各类焊接产品的质量控制的统计、分析工作提供依据，而且，为焊接产品运行期间的维修和改造、事故分析等提供了质量考查的依据和历史凭证，因此，有关人员应予以高度重视。

（1）焊接检验记录。焊接检验记录至少应包括下述内容：

1）焊接产品的编号、名称、图号。

2）现场使用的焊接工艺文件的编号，如焊接工序明细卡、焊接工艺卡或焊接工艺评定等文件的编号或名称。

3）母材和焊接材料的牌号、规格、入厂检验编号。

4）焊接方法、焊工姓名、焊工钢印。

5）实际焊前预热温度、后热温度、消氢温度和时间等。

6）焊接检验方法、检验结果，包括外观检查、无损探伤、水压试验和焊接试样检查等。

7）焊接检验报告编号。检验报告是指理化实验室、无损探伤室等专职检验机构对焊缝质量进行检查之后，出具证明焊缝质量的书面报告。检验报告应对焊缝质量做出肯定或否定的判断，即做出"合格"或"不合格"的结论。

8）焊缝返修方法、返修部位、返修次数等。

9）焊接检验的记录日期、记录人签字。

焊接检验记录是产品质量记录的重要部分，应按制造工序编制检验程序，印制质量控制表格，使记录规范化，按照规定的检验程序记录，保证记录及时、完整。

（2）焊接检验证明书。焊接产品的检验证书，是产品完工时收集检验工作的原始记录，并进行汇总而编制的质量证明文件。发给用户的焊接检验证明书的形式和内容，要根据具体产品的结构形式确定。对于焊接结构和制造工艺比较复杂、质量要求较高的产品，应将检验资料装订成册，以质量证明书的形式提供给用户。证明书中的技术数据应该实用、准确、齐全、符合标准。对于结构和制造工艺比较简单、运行条件要求不高的焊接产品，检验证书可用卡片的形式提供给用户。但是，无论怎样焊接检验证书至少应包括下述内容：

1）焊接产品的名称、编号、图号。

2）焊接产品的技术规范或使用条件。

3）原材料规格，包括母材和焊丝、焊条等。

4）焊接过程资料，包括焊接方法和主要的焊接工艺、焊工及焊工钢印等。

5）焊接检验资料，包括无损探伤、试样检查、水压试样结果等。

6）焊缝返修记录，包括返修部位、返修方法、返修次数等。

7）责任印章，包括检验证书的编制人员、检查组长或科长、厂长签字或印章，工厂质量合格印章，签发日期等。

焊接产品的检验证书，一般都是印制的固定格式或标准格式。编制焊接检验证书应收集原始记录进行汇总，按照证书的格式要求填写。检验资料必须完整、齐全、系统、技术数据必须真实准确。

（3）焊接检验档案。焊接产品运行发生损坏时，需要检查和修复，查阅检验档案，考查产品的原始质量，以便采取相应的措施，保证维修质量。用户为了提高焊接产品的运行参数或改善设备的维修管理条件，对陈旧设备进行技术改造，也必须依据焊接检验档案，参考原设计来修改图样，才能完成技术改造项目。焊接产品的检验档案应包括下述材料：

1）完整的焊接生产图样。

2）焊接检验的原始记录，包括材质检验记录、工艺检查记录和焊缝质量检验记录等。

3）焊接生产中的单据，包括材料代用单、临时更改单、工作联系单、不合格焊缝处理单等。

4）焊接检验报告，包括力学性能、无损探伤及热处理等检验报告。

5）焊接检验证明书，包括焊接产品质量证（册）书或合格证。

总之，焊接产品的生产是一个复杂的、多环节过程，在建立了焊接生产质量保证体系后，在实际生产中还需要精心组织、认真执行。具体到一个焊接结构，通常把生产过程分为焊前、焊中、焊后三个阶段。现代焊接工程管理思想认为："焊前准备得好，等于已经焊接了一半。"这表明了焊前质量控制的重要性，同样，在施焊中焊缝及其接头的质量控制，焊后的成品质量检验也是产品是否合格的关键环节。所以，焊接质量的检验工作应该从产品开始投产时便着手根据工序的特点进行。一般为了确保焊接产品质量，根据焊接不同阶段的特点，通常进行三阶段检验，即焊前检验、焊接过程中的检验和焊后成品的检验。

学习任务 3.2　结构失效分析及强度计算

3.2.1　学习目标

（1）掌握应力集中的概念，熟悉焊接接头工作应力的分布。
（2）能进行简单焊接接头的静载强度计算。
（3）了解焊接结构断裂理论。
（4）对结构设计进行合理性分析。

3.2.2　任务描述

学员进行接头应力分析、核算接头强度核算接头强度，小组讨论分析接头设计合理性，教师巡检指导；个人、小组检测评分、填写评分表，操作中严格执行安全操作、环境保护及车间有关的其他规定。

3.2.3　工作任务

3.2.3.1　准备

（1）什么是应力集中？在焊接接头中产生应力集中的原因是什么？
（2）试述影响焊接接头性能的因素有哪些？
（3）脆断的基本特征是什么？

3.2.3.2　计划

（1）焊接结构脆断的产生原因是什么？
（2）焊接接头的设计要点有哪些？
（3）影响疲劳强度的因素有哪些？

3.2.3.3　决策

（1）确定焊接接头强度计算的假设。
（2）焊接结构发生脆断的危害性有哪些？

（3）提高疲劳强度的措施有哪些？

3.2.3.4　实施

（1）将 100mm×100mm×10mm 的角钢用角焊缝搭接在一块钢板上，如图 3-2-1 所示。受拉伸时要求与角钢等强度，试计算接头的焊脚高度 K 和焊缝长度 L 的合理尺寸应该是多少？

（2）写出上题中构件的制作工艺方案并实施。

（3）总结构件焊接中存在的问题及解决办法。

3.2.3.5　检查

（1）检查设计计算结构及构件质量，记录在表 3-2-1 中。

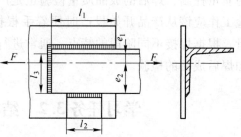

图 3-2-1　角焊缝搭接

表 3-2-1　设计计算结构及构件质量记录

项目	材料规格/mm	设计尺寸/mm	焊缝长度/mm	焊脚尺寸 K/mm	装配变形/(°)
记录	板角钢	L_1： L_2： K：	L_1'： L_2'：		
项目	裂纹	未熔合	咬边	夹渣（气孔）	弧坑
记录					

（2）在工作中，你对原始工艺方案做了哪些调整？

3.2.3.6　评价

评价内容见表 3-2-2。

表 3-2-2　构件外形尺寸及质量评价

			构件外形尺寸及质量评价标准（70分）		得分		
序号	评价项目	配分	评分标准		小组 自评	小组 互评	教师 评价
1	设计尺寸	20	焊缝长度、焊脚尺寸计算正确，每错一项扣 10 分				
2	装配尺寸	10	角钢与钢板装配后在平面内构成 90°，每超 1°扣 3 分，大于 3°不得分				
3	焊脚尺寸 K/mm	10	按正确设计尺寸评定，允许偏差+1，每超标 1mm 扣 3 分；水平焊脚 K_1=垂直焊脚 K_2，每超差 1mm 扣 1 分				
4	焊缝长度	15	按正确设计尺寸评定，允许偏差+2，每超标 1mm 扣 3 分				
5	焊接缺陷	10	有裂纹、未熔合不得分，其他缺陷每处扣 3 分				
6	焊缝外观成型	5	优 5 分，良 4 分，中 3 分，差 2 分				

3.2.3.7　题库（30分）

（1）填空题（每题2分，共10分）。

1）根据 GB 50268—2008《给水排水管道工程施工及验收规范》标准规定直管管段两相邻环向焊缝的间距不应小于（　　）mm。

2）焊接结构脆性断裂的特征是破坏应力（　　）结构设计应力。

3）管道对口时，管道的任何位置不得有（　　）焊缝。

4）禁止在带有（　　）或电压的容器筒体上进行气割。

5）焊接接头静载强度计算时，对于有较大熔深的埋弧焊和 CO_2 气体保护焊，计算时（　　）则不能忽略。

6）对于焊接工程质量来说，能满足 Q_A 质量常规优质管理标准要求时应属于（　　）品。

7）编制焊接工艺规程时，一定要考虑到产品验收的（　　），并在工艺规程中明确地表示出来。

8）在质量管理体系的审核时，管理评审一般（　　）一次。

9）在焊接领域得到广泛使用的是具有（　　）关节的铰接开链式机器人操作机。

10）结构设计（　　）及整套装配图样是编制焊接工艺规程的最主要资料。

（2）选择题（每题1分，共10分）。

1）在焊接接头中，组织和性能变化最明显的是（　　）。
  A 焊缝金属　　　　B 热影响区　　　　C 母材　　　　　　　D 熔合区

2）脆性断裂的裂口一般呈（　　）。
  A 有点亮　　　　　B 纤维状　　　　　C 金属光泽　　　　D 灰黑色

3）焊接接头静载强度计算时，对于埋弧焊和 CO_2 气体保护焊，计算时应考虑（　　）。
  A 熔深　　　　　　　　　　　　　　　B 残余应力的作用
  C 应力集中　　　　　　　　　　　　　D 组织改变时对力学性能的影响

4）国家有关标准规定，承受（　　）的焊接接头，其焊缝的余高值应趋于零值。
  A 塑性　　　　　　B 弹性　　　　　　C 静载荷　　　　　D 动载荷

5）焊缝中心的杂质往往比周围多，这种现象称为（　　）。
  A 区域偏析　　　　B 显微偏析　　　　C 层状偏析　　　　D 焊缝偏析

6）弯矩垂直于板面的丁字接头静载强度计算时，如开坡口并（　　），其强度按对接接头计算。
  A 夹渣　　　　　　B 未焊透　　　　　C 焊透　　　　　　D 烧穿

7）受拉、压的搭接接头的静载强度计算，由于焊缝和受力方向相对位置的不同，可分成正面搭接受拉或压、（　　）和联合搭接受拉或压三种焊缝。
  A 多面搭接受拉或压　　　　　　　　　B 斜面搭接受拉或压
  C 竖面搭接受拉或压　　　　　　　　　D 侧面搭接受拉或压

8）火焰矫正焊接变形时，最高加热温度不宜超过（　　　）℃。

　　A 1300　　　　　　B 1100　　　　　　C 900　　　　　　D 800

9）消除应力退火一般能消除残余应力（　　　）以上。

　　A 50%～60%　　　B 60%～70%　　　C 80%～90%　　　D 90%～95%

10）低合金结构钢采取局部预热时，预热范围为焊缝两侧各不小于焊件厚度的 3 倍，且不小于（　　　）mm。

　　A 300　　　　　　B 250　　　　　　C 200　　　　　　D 100

（3）判断题（每题 1 分，共 10 分）。

1）使焊接接头的塑性下降，强度升高，是锆及其合金在焊接时与氧、氮等气体反应的结果。（　　　）

2）对接接头是最好的接头形式。（　　　）

3）当材料处于三向拉伸应力作用下，往往容易发生脆性断裂。（　　　）

4）疲劳断裂和脆性断裂在本质上是一样的。（　　　）

5）焊接操作机与焊接变位机械配合使用，可完成多种焊缝的焊接。（　　　）

6）经验统计法简单易行，工作量小，但定额正确性较差。（　　　）

7）技术措施就是解决问题的工艺内容。（　　　）

8）对对接试件的检验，如果无损检验有困难时可用断面检验或弯曲试验。（　　　）

9）电渣焊是一种以电流通过熔渣所产生的电阻热作为热源的焊接方法，因此也属于电阻焊范畴。（　　　）

10）非真空电子束焊时，其电子束是在大气条件下产生的。（　　　）

3.2.4　学习材料

3.2.4.1　焊接接头应力分布

A　应力集中的概念

应力集中系数 K_T 等于截面中最大工作应力 σ_{max} 与平均工作应力 σ_m 的比值，即

$$K_T = \sigma_{max} / \sigma_m$$

B　熔焊接头的工作应力分布和工作性能

（1）对接接头的工作应力分布。由余高带来的应力集中，对动载结构的疲劳强度是十分不利的，所以此时要求它越小越好。

国家标准规定：在承受动载荷情况下，焊接接头的焊缝余高应趋于零。因此，对重要的动载结构，可采用削平余高或增大过渡圆弧的措施来降低应力集中，以提高接头的疲劳强度。

对接接头的应力分布如图 3-2-2 所示，加厚高和过渡半径与应力集中系数的关系如图 3-2-3 所示。

（2）正面搭接角焊缝与正面搭接接头的工作应力分布分别如图 3-2-4 和图 3-2-5 所示。

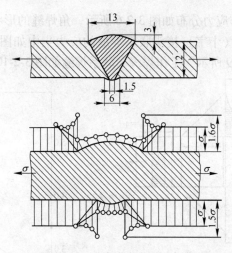

图 3-2-2　对接接头的应力分布

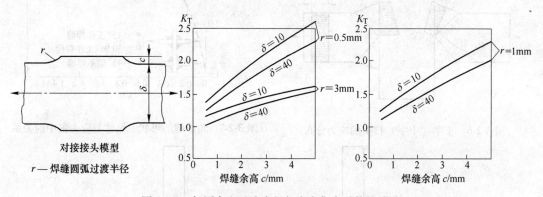

对接接头模型

r — 焊缝圆弧过渡半径

图 3-2-3　加厚高和过渡半径与应力集中系数的关系

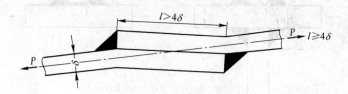

图 3-2-4　正面搭接角焊缝

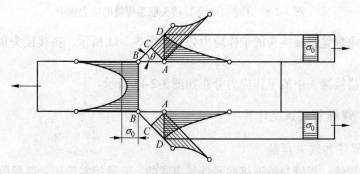

图 3-2-5　正面搭接角焊缝的应力分布

（3）十字接头的工作应力分布如图 3-2-6 所示，角焊缝的形状、尺寸与应力集中的关系如图 3-2-7 所示，丁字（十字）接头联系焊缝的应力集中如图 3-2-8 所示，焊趾角度与应力集中的关系如图 3-2-9 所示，工作焊缝与联系焊缝如图 3-2-10 所示。

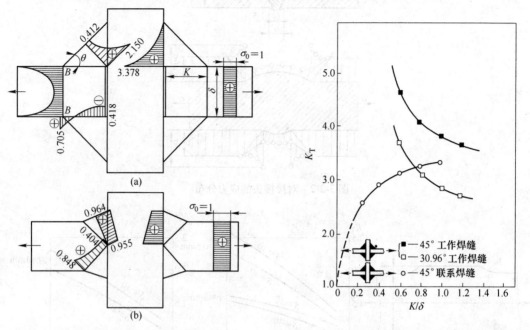

图 3-2-6　丁字（十字）接头的应力分布　　图 3-2-7　角焊缝的形状、尺寸与应力集中的关系

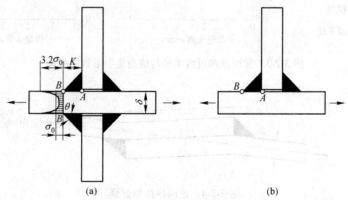

图 3-2-8　丁字（十字）接头联系焊缝的应力集中

（4）侧面角焊缝搭接接头的工作应力分布如图 3-2-11 所示，搭接接头角焊缝如图 3-2-12 所示。

（5）盖板搭接接头中的工作应力分布如图 3-2-13 所示。

3.2.4.2　焊缝静载强度计算

A　工作焊缝和联系焊缝

（1）工作焊缝。焊缝与被连接的元件是串联的，它承担着传递全部载荷的作用，焊缝一旦断裂，结构就会立即失效。

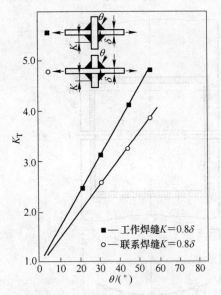

图 3-2-9　焊趾角度与应力集中的关系

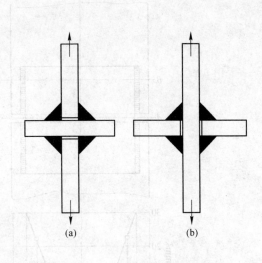

图 3-2-10　工作焊缝与联系焊缝

（a）工作焊缝；（b）联系焊缝

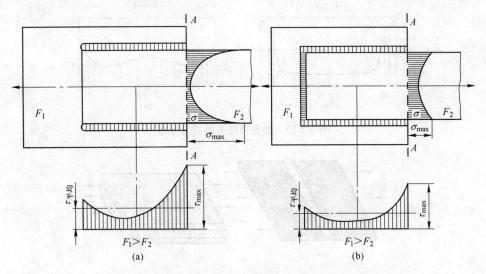

图 3-2-11　侧面角焊缝与联合角焊缝搭接接头的应力分布

（a）侧面角焊缝搭接；（b）联合角焊缝搭接

（2）联系焊缝。焊缝与被连接的元件是并联的，它仅传递很小的载荷，主要起元件之间相互联系的作用，焊缝一旦断裂，结构不会立即失效。

在结构设计时无需计算联系焊缝的强度，只需计算工作焊缝的强度。工作焊缝与联系焊缝如图 3-2-14 所示。

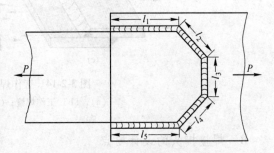

图 3-2-12　搭接接头角焊缝

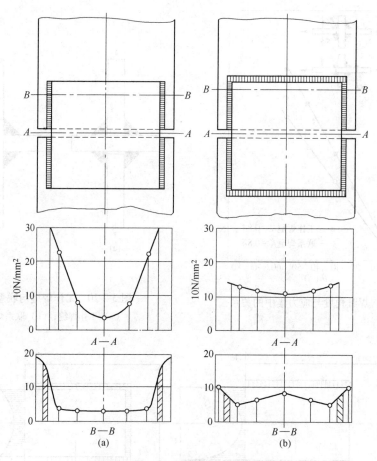

图 3-2-13　加盖板接头的应力分布

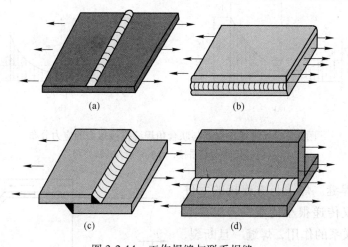

图 3-2-14　工作焊缝与联系焊缝

（a），（b）工作焊缝；（c），（d）联系焊缝

B　焊接接头的设计要点

（1）应尽量使接头形式简单，结构连续，且不设在最大应力作用截面上。

（2）要特别重视角焊缝的设计，不宜选择过大的焊脚。

（3）尽量避免在厚度（Z 向）方向传递力。

（4）接头的设计要便于制造和检验。

（5）一般不考虑残余应力对接头强度的影响。

C　焊接接头静载强度计算的假设

（1）残余应力对接头强度没有影响。

（2）焊趾处和余高处的应力集中，对接头强度没有影响。

（3）接头的工作应力是均布的，以平均应力计算。

（4）正面角焊缝与侧面角焊缝的强度没有差别。

（5）焊脚尺寸的大小对角焊缝的强度没有影响。

（6）角焊缝都是在切应力的作用下被破坏，按切应力计算强度。

（7）角焊缝的破断面（计算断面）在角焊缝截面的最小高度上，其值等于内接三角形高 a，a 称为计算高度。

（8）余高和少量的熔深对接头的强度没有影响，但埋弧焊和 CO_2 气体保护焊的熔深较大，应予以考虑。

D　电弧焊接头的静载强度计算

电弧焊接头静载强度计算的一般表达式为：

$$\sigma \leqslant [\sigma'] \quad \text{或} \quad \tau \leqslant [\tau']$$

式中，σ，τ 为平均工作应力；$[\sigma']$，$[\tau']$ 为焊缝的许用应力。

a　对接接头

（1）对接接头的静载强度计算：

1）不考虑焊缝余高；

2）焊缝长度取实际长度；

3）计算厚度取两板中较薄者（见图 3-2-15）；

4）如果焊缝的许用应力与基本金属的相等，则不必进行强度计算。

（2）对接接头受力情况：Q 为切力，M_1 为平面内弯矩，M_2 为垂直平面的弯矩，如图 3-2-16 所示。

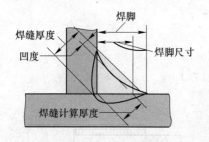

图 3-2-15　焊缝计算厚度

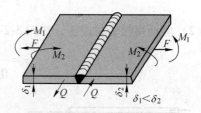

图 3-2-16　对接接头受力情况

1）受拉或受压对接接头。

受拉时，

$$\sigma_t = \frac{F}{L\delta_1} \leqslant [\sigma'_t] \tag{3-2-1}$$

受压时，

$$\sigma_p = \frac{F}{L\delta_1} \le [\sigma'_p] \tag{3-2-2}$$

式中，F 为接头所受的拉力或压力，N；L 为焊缝长度，mm；δ_1 为接头中较薄板的厚度，mm；σ_t，σ_p 为接头受拉或受压时焊缝中所承受的工作应力，MPa；$[\sigma'_t]$ 为焊缝受拉或受弯时的许用应力，MPa；$[\sigma'_p]$ 为焊缝受压时的许用应力，MPa。

【例 3-2-1】　两块板厚为 5mm、宽为 500mm 的钢板对接，两端受 28400N 的拉力，材料为 Q235-A 钢，$[\sigma'_t]=142$MPa，试校核其焊缝强度。

解　已知 $F=28400$N，$L=500$mm，$\delta=5$mm，$[\sigma'_t]=142$MPa，代入式（3-2-1）得

$$\sigma_t = \frac{F}{L\delta_1} = \frac{28400}{500 \times 5} = 113.6\text{MPa} < [\sigma'_t] = 142\text{MPa} \tag{3-2-3}$$

所以该对接接头焊缝强度满足要求，结构工作时是安全的。

2）受剪切对接接头。

$$\tau = Q/L\delta_1$$

式中，Q 为接头所受的切力，N；L 为焊缝长度，mm；δ_1 为接头中较薄板的厚度，mm；τ 为接头焊缝中所承受的切应力，MPa（$[\tau']$ 为焊缝许用切应力，MPa）。

【例 3-2-2】　两块板厚为 10mm 的钢板对接，焊缝受 29300N 的切力，材料为 Q235-A 钢，试设计焊缝的长度（钢板宽度）。

解　由式（3-2-3）可得：

$$L = \frac{Q}{S\tau}$$

由已知条件知 $Q=29300$N，$\delta=10$mm；从有关设计手册中查得 $[\tau']=98$MPa，代入上式得：

$$L \ge \frac{29300}{10 \times 98} = 29.9\text{mm}$$

取 $L=32$mm，即当焊缝长度为 32mm 时，强度满足要求。

b　搭接接头的静载强度计算

（1）正面搭接受拉或压，如图 3-2-17 所示。

$$\tau = \frac{F}{1.4KL} \le [\tau']$$

（2）侧面搭接受拉或压，如图 3-2-18 所示。

$$\tau = \frac{F}{0.7K\sum L} \le [\tau']$$

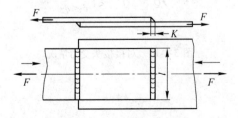

图 3-2-17　正面搭接受拉或压

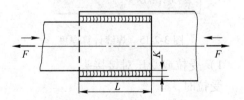

图 3-2-18　侧面搭接受拉或压

（3）联合搭接受拉或压，如图 3-2-19 所示。

$$\tau = \frac{F}{1.4KL} \leqslant [\tau']$$

【例 3-2-3】　将 $100mm \times 100mm \times 10mm$ 的角钢用角焊缝搭接在一块钢板上，如图 3-2-20 所示。受拉伸时要求与角钢等强度，试计算接头的合理尺寸 K 和 L 应该是多少？

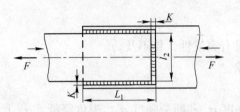

图 3-2-19　联合搭接受拉或压

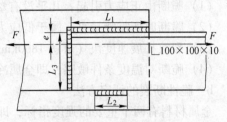

图 3-2-20　例 3-2-3 图

解　从材料手册查得角钢断面面积 $A = 19.2cm^2$；许用拉应力 $[\sigma_t'] = 160MPa = 160N/mm^2$，焊缝许用切应力 $[\tau'] = 100MPa = 100N/mm^2$。

角钢的允许载荷：

$$[F] = A[\sigma_t'] = 19200 \times 160 = 307200N$$

假定接头上各段焊缝中切应力都达到焊缝许用切应力值，即 $\tau = [\tau']$。若取 $K = 10mm$，用焊条电弧焊，则所需的焊缝总长度为：

$$\sum L = \frac{[F]}{0.7K[\tau']} = \frac{307200}{0.7 \times 10 \times 100} = 439mm$$

角钢一端的正面角焊缝 $L_3 = 100mm$，则两侧焊缝总长度为 339mm。根据材料手册查得角钢的拉力作用线位置 $e = 28.3mm$，按杠杆原理，则侧面角焊缝 L_2 应承受全部侧面角焊缝应该承受载荷的 28.3%。故：

$$L_2 = 339 \times \frac{28.3}{100} = 96mm$$

另外一侧的侧面角焊缝长度应该是：

$$L_1 = 339 \times \frac{100 - 28.3}{100} = 243mm$$

取 $L_1 = 250mm$，$L_2 = 100mm$。

3.2.4.3　结构失效分析

A　焊接结构的失效

通常意义上讲，焊接失效就是焊接接头由于各种因素在一定条件下断裂，接头一旦失效，就会使相互紧密联系成一体的构件局部分离、撕裂并扩展造成焊接结构损坏，致使设备停机影响正常生产，焊接结构的失效不仅将停止生产，还往往造成许多严重的灾难性事故。工程中焊接结构有三种断裂形式，脆性断裂（又称低应力断裂）、疲劳断裂和应力腐蚀断裂，其中，脆性断裂一般都在应力不高于结构的设计应力和没有明显的塑性变形的情况下发生，并瞬时扩展到结构整体，具有突然破坏的性质，不易事先发现和预防，破坏性非常严重。

B　结构脆性断裂

a　脆断的基本特征

（1）脆断由正应力引起，几乎没有塑性变形。

（2）脆断时所需能量小，属于低应力破坏。

（3）裂纹扩展速度快（可达 1800km/s），具有突发性，猝不及防。

（4）脆断对温度条件敏感，即金属冷脆现象。

b　脆性断裂的评定方法

金属材料有两个重要的强度指标，即屈服强度 σ_s 和断裂强度 σ_f。温度降低，σ_s 上升速率大于 σ_f 上升速率，两线交点对应温度 T_k 称为韧脆转变温度，当 $T<T_k$ 时，$\sigma_f<\sigma_s$，材料尚未达到屈服极限就已达到断裂强度，即材料无塑性变形而产生脆断，如图 3-2-21 所示。于是脆性断裂的评定主要就变为了转变温度的评定，有以下几种方法：

（1）冲击试验。分为 V 形缺口冲击试验和 U 形缺口冲击试验。

V 形缺口冲击试验评定：

能量准则——以冲击断裂功 α_k 值降低到某一特定数值时的温度作为临界温度 T_k。

断口形貌准则——按断口中纤维状区域与结晶状区域某一相对面积对应的温度来确定临界温度 T_k。

延性准则——按断口在缺口根部横向相对收缩变形急剧降低的温度来作为临界转变温度 T_k。

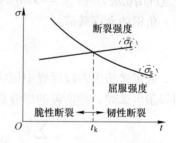

图 3-2-21　σ_s 和 σ_f 随温度变化图

（2）威尔斯宽板试验。在实验室里再现低应力脆性断裂的开裂情况，同时又能在板厚、焊接残余应力、焊接热循环方面模拟实际结构。该试验脆性断裂有三种情况：低应力产生裂纹并立即断裂；低应力产生裂纹扩展一定长度后自行停止；在较高温度下，要有高达屈服强度的应力才会产生裂纹，最后产生断裂。

威尔斯宽板拉伸试样如图 3-2-22 所示，宽板试验残余应力的影响如图 3-2-23 所示。

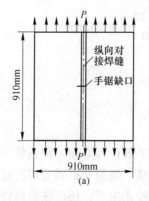

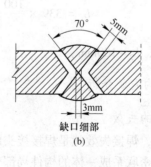

图 3-2-22　威尔斯宽板拉伸试样

（3）落锤实验。测定厚度大于 16mm 钢板的 NDT（无塑性转变温度）的试验方法，可替代大型止裂试验研究材料的止裂性能，其缺点是试样尺寸不能反映大型焊接结构的尺寸效应和较大拘束效应，表面堆焊脆性焊道，对热敏感的合金材料难以使用。

（4）动态撕裂试验。确定材料断裂韧性的全范围的试验方法，属于大型冲击试验。除了确定 NDT 温度之外，还能确定最高塑性断裂温度及相应的冲击功。适用于高强钢及厚板和特厚板焊接结构。这类钢与低强度钢相比，各向异性受钢中杂质的影响，难以保证稳定的抗脆断性能；晶粒大小及碳化物金相组织的大小、分布等对显微裂纹的形成有较大的影响。

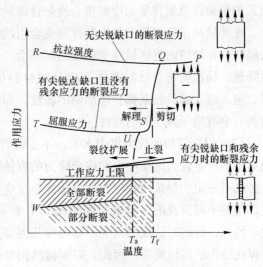

图 3-2-23　宽板试验残余应力的影响

c　脆性断裂产生的原因和影响因素

（1）材料中存在的缺陷和裂纹。低应力脆性断裂破坏的根本原因是结构中存在着一定尺寸的各种缺陷和裂纹，这不仅显著地减小了材料的实际强度，还大大地降低了结构的抗断裂能力。这些缺陷和裂纹一部分是在焊接结构的加工制造过程中产生的，如在钢材冶炼、轧制、锻压、热处理、机加工焊接中产生的偏析、气孔、划痕、咬边、未焊透、夹渣、裂纹等另一部分则往往是在使用过程中产生的，如在交变载荷下产生的疲劳裂纹和环境介质下出现的应力腐蚀裂纹等。调查研究表明的脆断来自焊接缺陷，其中最严重的缺陷是焊接裂纹。虽然随着焊接技术的发展，裂纹可以得到控制，但要完全避免各种焊接缺陷和裂纹还是比较困难的。

（2）材料呈脆性。当结构承载时，缺陷、裂纹尖端附近将产生应力集中，然而是否会导致断裂还将决定于材料的性质，即材料对缺陷的敏感程度。如果是韧性材料，裂纹扩展前在裂纹尖端会产生较大的塑性变形，使应力充分松弛，从而避免脆性断裂，相反如果是对缺陷十分敏感的脆性材料，在裂纹扩展前，裂纹尖端不产生塑性区，就必然造成突然开裂的脆性断裂，当然由于某些原因还会使材料局部强化，性能变脆。如复杂的结构和厚度尺寸的加大都会较大地限制材料塑性变形区的发展，在高速加载下会使材料的应变速率明显提高，大大降低材料的局部塑性。

绝大多数材料特别是钢铁对缺陷的敏感性随着温度的下降会有所增加，所以一些在常温下有一定韧性的材料，在低温下会变脆，结构会从塑性破坏转为脆性破坏，这个转变温度称为脆性转变温度，工程上常用此作为金属脆性敏感性的判据。另外，长期经受中子辐照和腐蚀介质浸泡也会使材料脆化，裂纹尺寸过大也将促使脆断发生。

焊接结构在组装的焊接过程中还会使焊接接头区材料产生两种脆化，焊接时的加热和冷却会使焊接接头区冶金组织发生变化，在焊后冷却过程中，有淬硬倾向的材料所形成的高碳马氏体和粗大晶粒等金相组织将使焊接接头区韧性降低。另外，焊接接头区微量有害元素的偏聚以及氢含量的增加也会使韧性降低。

在焊接热循环过程中发生塑性应变会引起热应变脆化，特别是当焊接接头区预先存在缺陷时，在缺口附近区域经受连续热循环会产生大的塑性变形，致使裂纹尖端附近区域韧性降低，局部脆化。材料的化学成分对材料的性能有极大的影响，通常钢中的碳、氮、氧、氢、硫、磷等元素都会增加钢的脆性，而另一些元素如锰、铬、镍、铂、钒等加入量适当，会有助于减小钢的脆性。

（3）焊接结构的应力集中水平。不正确的结构设计和不良的制造、安装工艺是造成应力集中、产生较大附加应力和残余应力的直接原因。焊接结构的一个重要特点就是焊接接头区具有一定的焊接残余应力而且往往是拉应力，其纵向残余应力一般可达钢材的屈服强度，这是不可忽视的，对重要的结构如果不采取消除残余应力的措施，也会引起脆性失效。另外，焊接时造成的角变形错边等几何偏差及强制组装都会产生严重的附加应力，促进焊接结构的脆性断裂。因此，对焊接结构来说，除了工作应力外，还必须考虑焊接残余应力和应力集中程度以及由于装配不良所带来的附加应力。

d　防止焊接结构脆性断裂的工程技术措施

保证焊接结构的安全，防止低应力脆性断裂的思路是预防缺陷的产生，控制缺陷的大小，在满足使用要求的条件下尽量降低焊接结构的应力水平，改善材料的抗断裂性能。应从设计、制造、检验、返修等环节上，采取一系列行之有效的措施来防止焊接结构脆性断裂的发生。

（1）防脆断设计。焊接结构的设计应符合规范，手续齐全，选材得当，计算正确，结构合理，考虑周密，符合安全可靠和经济合理的要求。防脆断设计是建立在断裂分析基础上的，对防止焊接结构脆断起着重要作用。

防脆断设计就是在合理结构设计中控制影响脆断的下列因素：材料断裂韧性水平，结构最低工作温度和应力状况，未发现的最大缺陷尺寸，结构所承受的载荷，交变载荷、冲击载荷以及环境腐蚀介质。

这也是断裂力学在工程应用中的一个重要方面，在很大程度上取决于设计部门对断裂力学了解和掌握的程度，如果能把裂纹的危害程度考虑在设计之中，就能够对选材、制定工艺、质量控制及验收标准提供更合理、更可靠的依据，甚至对安全运行、检修规程、判废标准提供指导性文件。

1）材料脆性转变温度。脆性转变温度在工程应用中有重大的指导意义，如材料的工作温度能保持在脆性转变温度以上，则材料具有韧性，能容许较大的缺陷，不致扩展造成脆性断裂。如材料的工作温度在脆性转变温度以下，则材料呈脆性状态，对缺陷的存在很敏感，容易扩展造成脆性断裂。

为了避免脆断的发生，应测定工程材料的脆性转变温度，在设计时应选用转变温度低于工作温度的材料或保证工作温度不低于所用材料的无延性转变温度，这是有效的措施。大量试验表明，板厚、加载速率及裂纹尺寸都会引起材料脆性转变温度的变化，其大致的规律是脆性转变温度随板厚的增加而升高。相同的材料在相同温度下，长裂纹表现为脆性，而浅裂纹表现为韧性。

冲击相对于慢弯会引起脆性转变温度升高。因而，在考虑脆性转变温度作防脆断设计时，应特别注意板厚、裂纹尺寸及加载速率的影响。

2）正确选材。在选材时，除考虑强度外，还应根据工作环境的恶劣程度保证材料有足够的韧性，当结构设计不能减少应力集中和焊接缺陷时，特别是在较低温度下工作或承受冲击载荷时，则更应选择韧性高的材料，以保证有高的脆断抗力。焊接材料与母材的匹配应合理，严格材料代用规定，以保证有较好的可焊性，避免出现焊接缺陷。

3）设计中的应力控制。焊接结构的脆性破坏常起源于应力集中处，而焊缝、热影响区、熔合线和应变时效区也正处在应力集中的部位，因而在结构设计时要注意控制应力水平，避免焊缝密集和采用十字焊缝，使相邻焊缝相隔一定的距离。应尽量避免将接管、支座、人梯等附件焊在容器结构的主焊缝上或焊在结构的高应力部位。当不同厚度的结构对接时，应尽可能采用圆滑过渡。总之，在设计中不应采用任何易造成应力集中的结构。

（2）制造质量的全面控制。焊接结构的制造质量是保证结构安全的重要条件，近年来因制造质量低劣发生的爆炸事故占我国锅炉、压力容器事故总数的 1/3 以上，制造中留下的严重缺陷是结构脆断的根源之一。为防止结构断裂，在制造中应将可能产生的缺陷减到最低程度，并应清楚缺陷的大小、部位和性质，以便提供准确的数据进行断裂力学安全分析。焊接结构的制造质量主要取决于材料质量、焊接质量、组装质量和检验质量。

1）材料复验。材料复验是保证承压结构制造质量的第一关，应按标准及技术要求对材料认真复验。

2）保证焊接质量。从某种意义上讲，焊接接头的质量反映了结构的制造质量，并直接影响其使用的安全性。许多工程结构是在现场组装的，施焊条件差且多变，为保证焊接质量，把焊接缺陷减到最少，不仅要经焊接工艺评定确定良好的焊接工艺，而且在实际施工时，还要对焊接工艺规范和焊接顺序的执行提出严格要求，应注意对称焊接，焊条必须按规定烘干，焊接部位的油、水、锈、油漆都要清理干净，施焊前要按规定预热到一定温度，层间温度和线能量要严格控制，焊后应有必要的后热措施，恶劣气候不施焊等，只有这样才能确保焊接质量。

3）保证成型及安装质量。安装质量的好坏直接影响结构的局部应力水平，保证安装质量首先要保证构件成型的质量，使其尺寸、几何形状符合标准要求，其次要严格控制装配尺寸，这样才能避免强力组装及角变形、错边量等几何形状的偏差和不连续，降低局部应力集中。

4）消除焊接残余应力。焊接时的热不平衡，加上结构的拘束度，必然在焊接接头区产生焊接残余应力，这种残余应力常常可达到材料的屈服强度，使结构的应力水平提高而产生裂纹，导致事故。对在苛刻条件、介质下使用的或壁板较厚、合金含量较高的焊接结构，要求在组焊后进行整体热处理或局部热处理，以消除焊接残余应力，降低结构局部应力水平，从而改善焊接接头区的性能。

5）确保耐压试验安全。耐压试验的目的是检查容器、设备的整体强度和致密性，对容器来说是一次超压试验，有一定的危险性，特别是用气体做试验介质时危险性更大，故应做好一系列准备工作。必须严格按试验规程进行，在耐压试验前及时查出隐患，消除不合格的各类缺陷。耐压试验介质的温度绝不容许低于设备材料的脆性转变温度，通常液体介质温度不得低于5℃，并应控制升、降压速度，应缓慢、分级进行，每级升压值不大于试验压力的10%，加载过快会使材料的塑性和韧性降低，升、降速度过快会产生较大的二次应力，恶化承压设备的应力状态。

6）加强人员管理。对焊工应严格考试制度，无证不能上岗，对质检人员应严格资格审定。

（3）设备使用中的管理。设备在长期的使用过程中，不仅原有的缺陷会进一步发展，还会产生大量新的缺陷，成为脆性断裂源，因此在设备使用过程中严格操作、维护、检查，进行状态监测是十分重要的。

1）严格贯彻岗位责任制，岗位责任制是企业各项规章制度的核心，直接影响到产品的质量和寿命，如生产中违章操作形成的严重超温、超压都将对设备造成严重损伤以致破坏。严格贯彻岗位责任制可保证设备使用维护规章制度的贯彻，使设备处于良好的运行状态。

2）认真贯彻设备使用维护制度，要明确操作、维修和管理等各个岗位对设备维护的责任，要有行之有效的日常维护和定期维护规程，在日常运行中严密注意设备的音响、振动、温升、异味、压力、油位指示及限位安全装置的情况。

3）加强对设备的检查，对运转设备必须定期检查，以掌握设备的技术状态，及时发现和消除设备的隐患，防止事故发生。

4）慎重返修。对在定期检查中发现的缺陷应慎重处理，应用断裂力学方法进行分析，把它们区分为有害缺陷和无害缺陷，对超标的裂纹类缺陷应及时返修，而对气孔、夹渣类内部缺陷应格外慎重。因为气孔、夹渣类缺陷属体积形缺陷，通常其边缘光滑，应力集中小，实践表明在运行中常无扩展迹象，如按以往要求进行返修、补焊，不仅增加了开支，延误了使用期，还往往给结构的安全带来不良后果。在高约束下返修补焊，常会使危害不大的气孔、夹杂变成更为危险的裂纹，以致在耐压试验中发生爆炸，这在国内外已屡见不鲜，教训是惨痛的。

综上所述，通过对焊接结构脆性断裂从概念、特征、能量理论、评定方法、发生原因及预防措施的全面分析，并针对已经发生的焊接结构脆性断裂事故的认识，结合无损检测技术对焊接结构脆断缺陷做全面分析从而有效减少事故的发生。

C　疲劳断裂

a　疲劳断裂的概念

焊接结构在交变应力的作用下，在工作应力低于钢的屈服点的情况下，经过较长时间的工作后而发生的断裂。

b　断裂过程

（1）在应力集中处产生初始疲劳裂纹，如图3-2-24所示；（2）裂纹稳定扩展；（3）结构断裂。

c　疲劳破坏的特点

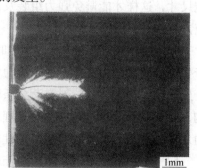

1mm

图 3-2-24　初始疲劳裂纹

断裂发生要经过一定的循环次数；破坏均呈脆断；"断口"分区明显（光滑区和粗糙区）。

d　影响疲劳强度的因素

（1）应力集中。表面机械加工后，接头应力集中程度降低，对接接头的疲劳强度提高。

（2）接头形式。对接接头疲劳强度高，搭接接头疲劳强度最低，十字接头和 T 形接头需开坡口深熔焊接，"加强"盖板的对接接头极不合理。

（3）热影响区金属性能变化。对疲劳强度无影响。

（4）焊接残余应力。拉伸应力——降低疲劳强度；压缩应力——提高疲劳强度。

（5）焊接缺陷。对疲劳强度影响很大（片状缺陷、表面缺陷、位于应力集中区的缺陷、与作用力方向垂直的片状缺陷、位于残余拉应力场内的缺陷）。

e　提高疲劳强度的措施

（1）降低应力集中。

1）采用合理的结构形式，减小应力集中；

2）尽量采用应力集中系数小的焊接接头；

3）当采用角焊缝时，须采取综合措施（机械加工焊缝端部、合理选择角接板形状、焊缝根部保证焊透等）来提高接头的疲劳强度；

4）开缓和槽；

5）用表面机械加工方法消除焊缝及其附近的各种刻槽，减小表面粗糙度值；

6）采用电弧整形。

（2）调整残余应力场。

1）消除接头的应力集中处的焊接残余拉应力；

2）使接头的应力集中处产生残余压应力，具体方法是整体处理和局部处理，整体处理包括整体退火或超载拉伸法，局部处理即采用在焊接接头局部加热、碾压焊道、局部爆炸等方法，使接头应力集中处产生残余压应力。

（3）改善材料的力学性能。通过表面强化处理，用小轮挤压或用锤轻打焊缝表面及过渡区，或用小钢丸喷射焊缝区，以提高接头的疲劳强度。

（4）特殊保护措施。如涂上油漆或镀锌等。

3.2.4.4　结构合理性分析

A　焊接接头的可焊到性

焊接接头焊接时，为保证获得理想的接头质量，必须让焊条、焊丝或电极能方便地达到欲焊部位，这就是对接头可焊到性的要求，如图 3-2-25 所示。左侧为不合理设计，右侧为合理设计。

B　焊接接头的可探伤性

焊接接头的可探伤性是指接头检测面的可接近性。

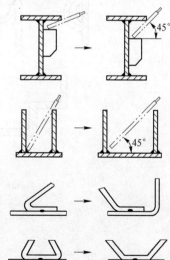

图 3-2-25　焊接接头的可焊到性改进

射线探伤的可接近性是指胶片的位置能使整个焊缝处于探伤范围内并使可能出现的缺陷成像，如图 3-2-26 所示。图中左侧所示接头无法射线探伤或者探出的结果不准确，改进后的右侧接头才能较好地完成射线探伤。超声探伤对接头检测面的可接近性要求较低，但所有存在间隙的 T 形接头和未熔透的对接接头，都不能或者只能有条件地进行超声检测。

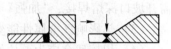

图 3-2-26　射线照射方向

C　提高焊接接头的耐腐蚀性

腐蚀介质与金属表面直接接触时，在缝隙内和其他尖角处常常发生强烈的局部腐蚀，这是由于该处积存有少量静止溶液和沉积物。防止和减小这种腐蚀的方法是：第一，力求采用对接接头，焊缝焊透，不采用单面焊根部有未焊透的接头；第二，要避免接头缝隙及其形成的尖角和结构死区，要使液体介质能完全排放、便于清洗，防止固体物质在结构底部沉积，如图 3-2-27 所示。左图为不合理设计，右图为改进后的合理设计。

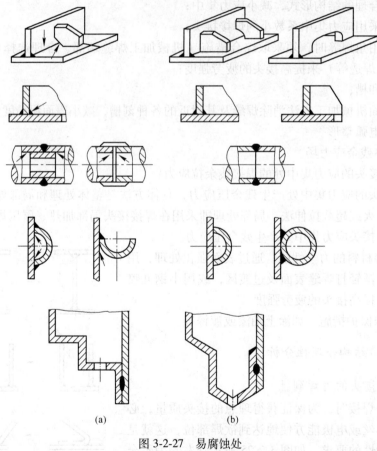

(a)　　　　　(b)

图 3-2-27　易腐蚀处

(a) 不合理；(b) 合理

D　结构设计合理性分析

结构设计是否合理见表 3-2-3。

表 3-2-3　结构设计合理性分析

说　明	图　例	
	不合理	合理
要保证焊接作业的最小空间，并使焊条在操作时保持适宜角度		
将焊缝端部的锐角变钝		
为减少变形，防止焊件产生裂纹，几个焊缝的坡口不应过分集中		
焊接前应有可能用焊住几点的方法将工件预先装配在一起		
受弯曲的焊缝，未施焊的一侧不宜放在拉应力区		
布置焊缝位置时，应以最小焊接量达到最佳效果		
焊缝应尽量避开最大应力或应力集中处		

说　明	图　例	
	不合理	合理
焊接不同厚度的钢板时，需要有一定斜度的过渡		
传动件或承受冲击载荷的焊接件，应防止焊缝在中心区十字交叉		
焊缝应尽量对称布置		
焊缝应避开加工表面		
适当利用型钢和冲压件，以减少焊缝数量		

学习任务 3.3　焊缝无损检测

3.3.1　学习目标

（1）熟悉焊缝无损检测的方法及其原理。

（2）辨别 X 射线底片焊接缺陷影像。

（3）正确使用超声波、磁粉、渗透等检验设备，熟悉检验步骤。

（4）对管子对接焊缝进行超声波检验并填写检验报告。

（5）对平板对接焊缝进行磁粉、渗透检验并填写检验报告。

（6）对管座角焊缝进行磁粉检验并填写检验报告。

3.3.2　任务描述

　　学员学习并掌握超声波探伤、磁粉探伤及渗透探伤等无损检测的方法，并针对不同的试件选择相应的检测方法进行内部质量检测与评定，教师巡检指导。操作中严格执行安全操作、环境保护及车间有关的其他规定。

3.3.3　工作任务

　　需进行焊接质量检验的工件如图 3-3-1 所示。技术要求如下：

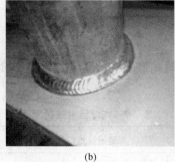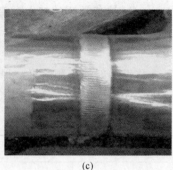

　　　　　　(a)　　　　　　　　　　　　(b)　　　　　　　　　　　　(c)

图 3-3-1　需进行焊接质量检验的工件
(a) 板对接；(b) 管板垂直俯位；(c) 管对接

　　(1) 图 3-3-1 (a) 为板对接单面焊双面成型焊条电弧焊，要求按相关标准进行渗透检测并进行质量评价。

　　(2) 图 3-3-1 (b) 为管板垂直俯位的 CO_2 焊接，要求按相关标准进行磁粉检测并进行质量评价。

　　(3) 图 3-3-1 (c) 为不锈钢管对接氩弧焊，要求按相关标准进行超声波检测并进行质量评价。

3.3.3.1　准备

　　(1) X 射线的性质是什么？
　　(2) 超声波的产生与接收是怎样？
　　(3) 磁化电流的大小如何确定？
　　(4) 叙述液体渗透检测基本原理。

3.3.3.2　计划

　　(1) 确定射线探伤灵敏度。
　　(2) 确定超声波探头的型号。
　　(3) 工件在磁粉探伤后都要退磁，遇到哪些情况可以不退磁？
　　(4) 工件表面污物对渗透探伤有什么危害？

3.3.3.3　决策

　　(1) 焊缝中的未熔合和未焊透在射线照相底片上分别有哪些特征？

（2）引起超声波衰减的原因有哪些？

（3）影响磁粉探伤灵敏度的几大因素是什么？

（4）渗透探伤产生虚假显示的常见原因是什么？

3.3.3.4　实施

（1）Ⅰ、Ⅱ、Ⅲ级焊缝标准是什么？

（2）A型脉冲反射式超声波探伤仪的工作原理是什么？

（3）表面与近表面缺陷磁痕显示的区别是什么？

（4）渗透检测的基本步骤有哪些？

3.3.3.5　检查

将焊缝射线检测结果、焊缝超声波检测结果、焊缝磁粉检测结果、焊缝渗透检测结果分别填入表 3-3-1~表 3-3-4 中。

表 3-3-1　焊缝射线检测表

焊缝射线检测结果								
								编号：
工件名称			管道焊缝		工件编号			TCXY1020
序号	底片编号	工件规格	像质指数	缺陷记录		评定级别	焊工号	备注
				缺陷定性	缺陷定量			
1								
2								

表 3-3-2　焊缝超声波检测表

焊缝超声波检测结果						
构件编号	型号规格/mm	检验部位	钢板厚度/mm	检验长度/mm	缺陷评定等级	焊缝质量等级

表 3-3-3　焊缝磁粉检测表

焊缝磁粉检测结果					
工件号/焊缝号	探伤部位	缺陷位置	缺陷性质	缺陷长度/mm	评定等级

表 3-3-4　焊缝渗透检测表

焊缝渗透检测结果

区段编号	缺陷位置	缺陷磁痕尺寸/mm	缺陷性质	评定	备注

3.3.3.6　评价

评价内容见表 3-3-5。

表 3-3-5　焊缝无损检测质量评价

焊缝无损检测质量评价标准（70 分）				得分			
序号	评价项目	配分	评分标准	小组自评	小组互评	教师评价	
1	评定标准的选择	10	能根据工件不同要求正确选择评定标准				
2	检测前的准备	15	工件表面清理设备、工具选择正确				
3	探伤基本操作	15	操作方法正确				
4	缺陷的评定	15	根据评定标准进行评定				
5	焊缝质量级别的确定	10	根据评定标准进行焊缝质量级别的评定				
6	安全与防护	5	优 5 分，良 4 分，中 3 分，差 2 分				

3.3.3.7　题库（30 分）

（1）填空题（每题 2 分，共 10 分）。

1）在射线探伤胶片上多呈略带曲折的、波浪状的黑色细条纹，有时也呈直线状，轮廓较分明，两端较尖细中部稍宽，不大有分枝，两端黑度较浅的缺陷是（　　）。

2）在射线探伤胶片上呈宽而短的粗线条状，宽度不太一致的缺陷是（　　）。

3）焊接电流太小，层间清渣不净易引起的缺陷是（　　）。

4）承受动载荷的对接接头，焊缝的余高应（　　）。

5）焊缝与被连接的元件是并联的，它主要起元件之间相互（　　）的作用，称为联系焊缝。

6）对接接头的焊缝余高不得超出国家有关标准的（　　）范围。

7）保证焊透是降低 T 形（十字形）接头（　　）的重要措施。

8）要保证材料不致因强度不足而破坏，应使构件的最大工作应力（σ_{max}）小于（　　）。

9）（　　）常作为评定钢材的脆性、韧性行为的标准。

10）在工程中，常广泛采用（　　）作为评定脆性断裂的方法。

（2）选择题（每题1分，共10分）。

1）下列试验方法中，属于破坏性检验的是（　　）。
　　A 力学性能检验　　　B 外观检验　　　　　C 气压检验　　　　　D 无损检验
2）外观检验一般以肉眼为主，有时也可利用（　　）的放大镜进行观察。
　　A 3~5 倍　　　　　　B 5~10 倍　　　　　C 8~15 倍　　　　　D 10~20 倍
3）外观检验不能发现的焊缝缺陷是（　　）。
　　A 咬肉　　　　　　　B 焊瘤　　　　　　　C 弧坑裂纹　　　　　D 内部夹渣
4）水压试验压力应为压力容器工作压力的（　　）倍。
　　A 1.0~1.25　　　　 B 1.25~1.5　　　　 C 1.5~1.75　　　　 D 1.75~2.0
5）对低压容器来说气压检验的试验压力为工作压力的（　　）倍。
　　A 1　　　　　　　　B 1.2　　　　　　　C 1.15~1.2　　　　 D 1.2~1.5
6）疲劳试验是用来测定焊接接头在交变载荷作用下的（　　）。
　　A 强度　　　　　　　B 硬度　　　　　　　C 塑性　　　　　　　D 韧性
7）疲劳试验是用来测定（　　）在交变载荷作用下的强度。
　　A 熔合区　　　　　　B 焊接接头　　　　　C 热影响区　　　　　D 焊缝
8）弯曲试验是测定焊接接头的（　　）。
　　A 弹性　　　　　　　B 塑性　　　　　　　C 疲劳　　　　　　　D 硬度
9）磁粉探伤用直流电脉冲来磁化工件，可检测的深度为（　　）mm。
　　A 3~4　　　　　　　B 4~5　　　　　　　C 5~6　　　　　　　D 6~7
10）焊接时，焊缝坡口钝边过大、坡口角度太小，焊根未清理干净、间隙太小会造成
　　（　　）缺陷。
　　A 气孔　　　　　　　B 焊瘤　　　　　　　C 未焊透　　　　　　D 凹坑

（3）判断题（每题1分，共10分）。

1）剖视图是零件剖切后的可见轮廓的中心投影。（　　）
2）热处理是使钢在加热和冷却过程中其内部发生了组织与结构变化的加工工艺。
（　　）
3）冲击韧性值越大表示材料的脆性越大，韧性越差。（　　）
4）夏天工作时，出汗多，更应注意防护、防止触电。（　　）
5）在装配时不必考虑焊接变形。（　　）
6）焊缝标注辅助符号"0"表示焊缝环绕工件周围。（　　）
7）对手弧焊机的调试主要针对焊接电流大小的试焊。（　　）
8）常用弧焊变压器焊机 BX3-300，其结构形式是动铁心式。（　　）
9）等离子弧焊时，经常清理喷嘴是排除双弧故障的方法之一。（　　）
10）焊接热输入，焊后热处理是影响焊接接头冲击韧性的焊接工艺因素。（　　）

3.3.4　学习材料

3.3.4.1　射线探伤

A　射线探伤的方法及其原理

a　X 射线的产生及其性质

（1）X 射线的产生。用来产生 X 射线的装置是 X 射线管，它由阴极、阳极和真空玻璃（或金属陶瓷）外壳组成。阴极通以电流加热至白炽时，其阳极周围形成电子云，当在阳极与阴极间施加高压时，电子为阴极排斥而为阳极吸引，加速穿过真空空间，高速运动的电子束集中轰击靶子的一个面积（几平方毫米左右，称实际焦点），电子被阻挡减速和吸收，其部分动能（约 1%）转换为 X 射线，其余 99% 以上的能量变成热能。

（2）X 射线的性质：

1）不可见，以光速直线传播。

2）不带电，不受电场和磁场的影响。

3）具有可穿透可见光不能穿透的物质如骨骼、金属等的能力，并且在物质中有衰减的特性。

4）可以使物质电离，能使胶片感光，也能使某些物质产生荧光。

5）能起生物效应，伤害和杀死细胞。

b　γ 射线的产生及其特性

γ 射线是由放射性物质（^{60}Co、^{192}Ir 等）内部原子核的衰变过程产生的。

γ 射线的性质与 X 射线相似，由于其波长比 X 射线短，因而射线能量高，具有更大的穿透力。例如，目前广泛使用的 γ 射线源 ^{60}Co，它可以检查 250mm 厚的铜质工件、350mm 厚的铝制工件和 300mm 厚的钢制工件。

c　高能 X 射线的产生及其特性

高能 X 射线是指射线能量在 1MeV 以上的 X 射线。它主要是通过加速器使灯丝释放的热电子获得高能量后撞击射线靶而产生的。加速器产生的高能 X 射线，其射线束能量、强度和方向均可精确控制，能量可高达 35MeV，对钢铁的探伤厚度达 500mm。

高能 X 射线虽然具有一般 X 射线的性质，但是由于其能量很大，因此其特性不同于一般 X 射线，主要表现在：

（1）穿透力。工业探伤用的高能 X 射线能量一般在 15~30MeV 范围，可穿透一般 X 射线及 γ 射线不能穿透的工件，它对于解决大厚件的探伤问题是很有成效的。

（2）灵敏度。高能 X 射线装置产生的能量有 40%~50% 可以转变成 X 射线，其余的变成热能，故高能 X 射线装置的散热问题不大，从而可以制成很小的焦点（一般在 0.3~1mm）来提高探伤灵敏度。高能 X 射线探伤灵敏度高达 0.5%~1%，而一般 X 射线探伤灵敏度只有 1%~2%。

（3）透照幅度。高能 X 射线能量很高，而且其装置产生的能量转换成射线的效率也高，产生的射线也多，因此比一般 X 射线探伤所需的曝光时间短得多，故散射线少。这样不仅可以得到清晰的底片，而且它透照零件的厚度差的幅度也很宽，厚度相差一倍而不用补偿时，在底片上也可以得到清晰的图像。

d　射线的衰减

当射线穿透物质时，物质对射线有吸收和散射作用，会引起射线能量的衰减。

射线在物质中的衰减是按照射线强度的衰减是呈负指数规律变化的，以强度为 I_0 的一束平行射线束穿过厚度为 δ 的物质为例，穿过物质后的射线强度为：

$$I = I_0 e^{-\mu\delta}$$

式中，I 为射线透过厚度 δ 的物质的射线强度；I_0 为射线的初始强度；e 为自然对数的底；δ 为透过物质的厚度；μ 为衰减系数，cm^{-1}。

e　射线探伤的方法

（1）射线照相法。射线照相法是根据被检工件与其内部缺陷介质对射线能量衰减程度的不同，使得射线透过工件后的强度不同，使缺陷能在射线底片上显示出来的方法。如图 3-3-2 所示，平行射线束透过工件时，由于缺陷内部介质（如空气、非金属夹渣等）对射线的吸收能力比基本金属对射线的吸收能力要低得多，因而透过缺陷部位的射线强度高于周围完好部位。在感光胶片上，对应有缺陷部位将接受较强的射线曝光，经暗室处理后将变得较黑。因此，工件中的缺陷通过射线照相后就会在底片上产生缺陷影迹。这种缺陷影迹的大小实际上就是工件中缺陷在投影面上的大小。

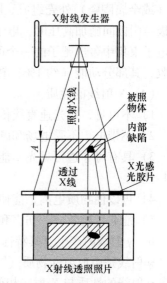

图 3-3-2　X 射线照相法示意图

（2）射线荧光屏观察法。荧光屏观察法是将透过被检物体后的不同强度的射线，再投射在涂有荧光物质的荧光屏上，激发出不同强度的荧光而得到物体内部的影像的方法。此法所用设备主要由 X 射线发生器及其控制设备、荧光屏、观察和记录用的辅助设备、防护及传送工件的装置等几部分组成。检验时，把工件送至观察箱上，X 射线管发出的射线透过被检工件，落到与之紧挨着的荧光屏上，显示的缺陷影像经平面镜反射后，通过平行于镜子的铅玻璃观察。

荧光屏观察法只能检查较薄且结构简单的工件，同时灵敏度较差，最高灵敏度在 2%~3%，大量检验时，灵敏度最高只达 4%~7%，对于微小裂纹是无法发现的。

（3）射线实时成像检验。射线实时成像检验是工业射线探伤很有发展前途的一种新技术，与传统的射线照相法相比具有实时、高效、不用射线胶片、可记录和劳动条件好等显著优点。由于它采用 X 射线源，常称为 X 射线实时成像检验，如图 3-3-3 所示。国内外将它主要用于钢管、压力容器壳体焊缝检查，微电子器件和集成电路检查，食品包装夹杂物检查及海关安全检查等。

这种方法是利用小焦点或微焦点 X 射线源透照工件，利用一定的器件将 X 射线图像转换为可见光图像，再通过电视摄像机摄像后，将图像直接或通过计算机处理后再显示在电视监视屏上，以此来评定工件内部的质量。通常所说的工业 X 射线电视探伤，是指 X 光图像增强电视成像法，该法在国内外应用最为广泛，是当今射线实时成像检验的主流设备，其探伤灵敏度已高于 2%，并可与射线照相法相媲美。

（4）射线计算机断层扫描技术。计算机断层扫描技术，简称 CT（Computer tomo-

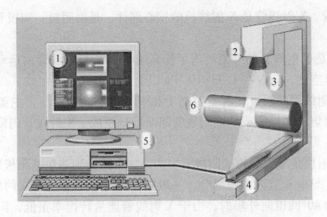

图 3-3-3　X 射线实时成像检验

graphy）。它是根据物体横断面的一组投影数据，经计算机处理后，得到物体横断面的图像。所以，它是一种由数据到图像的重组技术。

射线源发出扇形束射线，被工件衰减后的射线强度投影数据经接收检测器（300 个左右，能覆盖整个扇形扫描区域）被数据采集部采集，并进行从模拟量到数字量的高速 A/D 转换，形成数字信息。在一次扫描结束后，工作转动一个角度再进行下一次扫描，如此反复下去，即可采集到若干组数据。这些数字信息在高速运算器中进行修正、图像重建处理和暂存，在计算机 CPU 的统一管理及应用软件支持下，便可获得被检物体某一断面的真实图像，显示于监视器上，如图 3-3-4 所示。

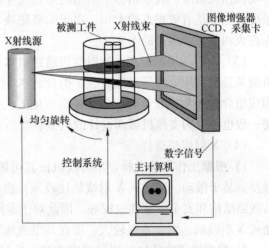

图 3-3-4　锥束扫描

B　射线探伤设备简介

射线探伤常用的设备主要有 X 射线机、γ 射线机等，它们的结构区别较大。

a　X 射线机

（1）X 射线机的分类和用途。X 射线机即 X 射线探伤机（见图 3-3-5），按其结构形式分为携带式、移动式和固定式三种。携带式 X 射线机多采用组合式 X 射线发生器，体积小，质量轻，适用于施工现场和野外作业的工件探伤；移动式 X 射线机能在车间或实验室移动，适用于中、厚焊件的探伤；固定式 X 射线机则固定在确定的工作环境中靠移动焊件来完成探伤工作。X 射线机也可按射线束的辐射方向分为定向辐射和周向辐射两种。

图 3-3-5　X 射线探伤机

其中周向 X 射线机特别适用于管道、锅炉和压力容器的环形焊缝探伤，由于一次曝光可以检查整个焊缝，显著提高了工作效率。

（2）X射线管。X射线管是X射线机的核心部件，是由阴极、阳极和管套组成的真空电子器件。

1）管套。它是X射线管的外壳。为了使高速电子在X射线管内运动时阻力减小，管内要求有较高的真空度，一般在 1.33×10^{-4} Pa以上。

2）阴极。X射线管的阴极起着发射电子和聚集电子的作用。它主要由发射电子的钨丝和聚焦电子的聚集罩（纯铁或纯镍制成的凹面形）组成。X射线管内阳极焦点的形成取决于阴极的形状。

3）阳极。X射线是从射线管的阳极发出的。整个阳极构造包括阳极靶（钨等）、阳极体和阳极罩（铜，导电和散热）三部分。一般阳极靶与管轴垂直方向约成20°倾角，X射线束则形成一个约40°圆锥向外辐射。由于X射线管能量转换率很低，阳极靶接受电子轰击的动能绝大部分转换为热能而被阳极吸收，因此阳极的冷却至关重要。目前采用的冷却方式主要有辐射散热及油、水冷却等。

4）焦点。X射线管的焦点是决定X射线管光学性能好坏的重要标志，焦点大小直接影响探伤灵敏度。技术指标中给出的焦点尺寸通常是有效焦点。因为影响透照清晰度和灵敏度的主要是有效焦点的大小。由于阳极靶块与射线束轴线一般成20°倾斜角，所以有效焦点大约是实际焦点的1/3。

（3）X射线机的组成。X射线机通常由X射线管、高压发生器、控制装置、冷却器、机械装置和高压电缆等部件组成。携带式X射线机是将X射线管和高压发生器直接相连构成组合式X射线发生器，省去了高压电缆，并和冷却器一起组装成射线柜，为了携带方便一般也没有为支撑机器而设计的机械装置。

（4）X射线机选择。

1）根据工作条件选择。X射线机按其可搬动性分为携带式和移动式两大类。携带式轻便，易于搬动。移动式X射线机比较重，组件多，但管电压、管电流可以制作得较大，其线路结构和安全可靠性也较好。因此对于零件较小，可以集中在地面工作的，宜选用移动式X射线机。对于零件较大、需在高空或地下工作的，宜选用携带式X射线机。

2）根据被透物体的结构和厚度选择。X射线机是利用射线机透过被检验物质来发现其中是否有缺陷的。所以，首先关心的是X射线机能否穿透欲检验物质的材料或焊缝。X射线穿透能力取决于X射线的能量和波长。X射线管的管电压越高，发射的X射线波长越短，能量越大，透过物质的能力越强。因此，选择管电压高的X射线机可以得到高的穿透能力。

另外，X射线穿透过不同的物质时，物质对射线的衰减能力不同。一般来说，被透照物质原子序数越大、密度越大则对射线衰减的能力越大。因此，透照轻金属或厚度较薄的工件时，宜选用管电压低的X射线机，透照重金属或厚度较大的工件时，宜选用管电压高的X射线机。

b　γ射线机

γ射线机按其结构形式分为携带式、移动式和爬行式三种。携带式γ射线机多采用^{60}Co作射线源，用于较厚工件的探伤。爬行式γ射线机主要用于野外焊接管线的探伤。

γ射线机具有以下优点：穿透力强，最厚可透照300mm钢材；透照过程中不用水和电，因而可在野外、对带电高压电器设备、高空、高温及水下等多种场合下工作，可在X

射线机和加速器无法达到的狭小部位工作。主要缺点是：半衰期短的 γ 源更换频繁，要求有严格的射线防护措施，探伤灵敏度略低于 X 射线机。

c　加速器

加速器是一种利用电磁场使带电粒子（如电子、质子、氘核、氚核及其他重离子）获得能量的装置。用于产生高能 X 射线的加速器主要有电子感应式、电子直线式和电子回旋式三种。目前应用最广大的电子直线加速器。

由于加速器能量高，射线焦点尺寸小，探伤灵敏度高，且其射线束能量、强度与方向均可精确控制，故其应用已日益广泛。

C　焊缝射线照相法探伤

射线照相法具有灵敏度较高、所得射线底片能长期保存等优点，目前在国内外射线探伤中，应用最为广泛。射线照相法探伤法是通过底片上缺陷影像，对照有关标准来评定工件内部质量的。

a　像质等级的确定

像质等级就是射线照相质量等级，是对射线探伤技术本身的质量要求。我国将其划分为三个级别：

A 级——成像质量一般，适用于承受负载较小的产品和部件。

AB 级——成像质量较高，适用于锅炉和压力容器产品及部件。

B 级——成像质量最高，适用于航天和核设备等极为重要的产品和部件。

不同的像质等级对射线底片的黑度、灵敏度均有不同的规定。为达到其要求，需从探伤器材、方法、条件和程序等方面预先进行正确选择和全面合理布置，对给定工件进行射线照相法探伤时，应根据有关规定和标准要求选择适当的像质等级。

b　探伤位置的确定及其标记

在探伤工件中，应按产品制造标准的具体要求对产品的工作焊缝进行全检即 100% 检查或抽检。抽检面有 5%、10%、20%、40% 等几种，采用何种抽检面应依据有关标准及产品技术条件而定。

对允许抽检的产品，抽检位置一般选在：可能或常出现缺陷的位置，危险断面或受力最大的焊缝部位，应力集中部位，外观检查感到可疑的部位。

参看《压力容器监察规程》。

c　射线能量的选择

射线能量的选择实际上是对射线源的 kV、MeV 值或 γ 源的种类的选择。射线能量愈大，其穿透能力愈强，可透照的工件厚度愈大。但同时也带来了由于衰减系数的降低而导致成像质量下降。所以在保证穿透的前提下，应根据材质和成像质量要求，尽量选择较低的射线能量。

d　灵敏度的确定及像质计

灵敏度是评价射线照相质量的最重要的指标，它标志着射线探伤中发现缺陷的能力。灵敏度分绝对灵敏度和相对灵敏度。绝对灵敏度是指在射线底片上所能发现的沿射线穿透方向上的最小缺陷尺寸。相对灵敏度则用所能发现的最小缺陷尺寸在透照工件厚度上所占的百分比来表示。由于预先无法了解沿射线穿透方向上的最小缺陷尺寸，为此必须采用已知尺寸的人工"缺陷"——像质计来度量。

像质计有线型、孔型和槽型三种，探伤时，所采用的像质计必须与被检工件材质相同（见图 3-3-6），安放在焊缝被检区长度 1/4 处，钢丝横跨焊缝并与焊缝轴线垂直，且细丝朝外。

在透照灵敏度相同情况下，由于缺陷性质、取向、内含物的不同，所能发现的实际尺寸不同。所以在达到某一灵敏度时，并不能断定能够发现缺陷的实际尺寸究竟有多大。但是像质计得到的灵敏度反映了对于某些人工"缺陷"（金属丝等）发现的难易程度，因此它完全可以对影像质量做出客观的评价。

图 3-3-6　像质计

e　透照几何参数

（1）射线焦点。射线焦点的大小对探伤取得的底片图像细节的清晰程度影响很大，因而影响探伤灵敏度。而当焦点为直径 d 的圆截面时，缺陷在底片上的影像将存在黑度逐渐变化的区域，称为半影。它使得缺陷的边缘线影像变得模糊而降低射线照相的清晰度。且焦点尺寸越大，半影也越大，成像就越不清晰。所以，探伤时应当尽量减小焦点尺寸。

（2）透照距离。焦点至胶片的距离称为透照距离，又称焦距。在射线源选定后，增大透照距离可提高底片清晰度，也增大每次透照面积，但同时也大大削弱单位面积的射线强度，从而使得曝光时间过长。因此，不能为了提高清晰度而无限地加大透照距离。探伤通常采用的透照距离为 400～700mm。

D　焊缝射线底片的评定

射线底片的评定工作简称评片，由二级或二级以上探伤人员在评片室内利用观片灯、黑度计等仪器和工具进行该项工作。评片工作包括底片质量的评定、缺陷的定性和定量、焊缝质量的评级等内容。

a　底片质量的评定

射线照相法探伤是通过射线底片上缺陷影像来反映焊缝内部质量的。底片质量的好坏直接影响对焊缝质量评价的准确性。因此，只有合格的底片才能作为评定焊缝质量的依据。

合格底片应当满足如下各项指标的要求：

（1）黑度值。黑度是射线底片质量的一个重要指标。它直接关系到射线底片的照相灵敏度。射线底片只有达到一定的黑度，细小缺陷的影像才能在底片上显露出来。

（2）灵敏度。射线照相灵敏度是以底片上像质计影像反映的像质指数来表示的。因此，底片上必须有像质计显示，且位置正确，被检测部位必须达到灵敏度要求。

（3）标记系。底片上的定位标记和识别标记应齐全，且不掩盖被检焊缝影像。

（4）表面质量。底片上被检焊缝影像应规整齐全，不可缺边或缺角。底片表面不应存在明显的机械损伤和污染。检验区内无伪缺陷。

b　底片上缺陷影像的识别

（1）焊接缺陷在射线探伤中的显示。各种焊接缺陷在射线底片上和工业 X 射线电视屏幕上的显示特点见表 3-3-6。在焊缝射线底片上除上述缺陷影像外，还可能出现一些伪缺陷影像，避免将其误判成焊接缺陷。几种常易发生的伪缺陷影像见表 3-3-7。

表 3-3-6　焊接缺陷显示特点

焊接缺陷		射线照相法底片	工业 X 射线电视法屏幕
种类	名称		
裂纹	横向裂纹	与焊缝方向垂直的黑色条纹	形貌同左的灰白色条纹
	纵向裂纹	与焊缝方向一致的黑色条纹，两头尖细	形貌同左的灰白色条纹
	放射裂纹	由一点辐射出去星形黑色条纹	形貌同左的灰白色条纹
	弧坑裂纹	弧坑中纵、横向及星形黑色条纹	位置与形貌同左的灰白色条纹
未熔合和未焊透	未熔合	坡口边缘、焊道之间以及焊缝根部等处的伴有气孔或夹渣的连续或断续黑色影像	分布同左的灰色图像
	未焊透	焊缝根部钝边未熔化的直线黑色影像	灰白色直线状显示
夹渣	条状夹渣	黑度值较均匀的呈长条黑色不规则影像	亮度较均匀的长条灰白色图像
	夹钨	白色块状	黑色块状
	点状夹渣	黑色点状	灰白色点状
圆形缺陷	球形气孔	黑度值中心较大边缘较小且均匀过渡的圆形黑色影像	黑度值中心较小，边缘较大，且均匀过渡的圆形灰白色显示
	均布及局部密集气孔	均匀分布及局部密集的黑色点状影像	形状同左的灰白色图像
	链状气孔	与焊缝方向平行的成串并呈直线状的黑色影像	方向与形貌同左的灰白色图像
	柱状气孔	黑度极大均匀的黑色圆形显示	亮度极高的白色圆形显示
	斜针状气孔（螺孔、虫形孔）	单个或呈人字分布的带尾黑色影像	形貌同左的灰白色图像
	表面气孔	黑度值不太高的圆形影像	亮度不太高的圆形显示
	弧坑缩孔	指焊末端的凹陷，为黑色显示	呈灰白色图像
形状缺陷	咬边	位于焊缝边缘与焊缝走向一致的黑色条纹	灰白色条纹
	缩沟	单面焊，背部焊道两侧的黑色影像	灰白色图像
	焊缝超高	焊缝正中的灰白色突起	焊缝正中的黑凸起
	下塌	单面焊，背部焊道正中的灰白色影像	分布同左的黑色图像
	焊瘤	焊缝边缘的灰白色突起	黑色突起
	错边	焊缝一侧与另一侧的黑色的黑度值不同，有一明显界限	
	下垂	焊缝表面的凹槽，黑度值高的一个区域	分布同左，但亮度较高
	烧穿	单面焊，背部焊道由于熔池塌陷形成孔洞，在底片上为黑色影像	灰白色显示
	缩根	单面焊，背部焊道正中的沟槽，呈黑色影像	灰白色显示

焊接缺陷		射线照相法底片	工业 X 射线电视法屏幕
种类	名称		
其他缺陷	电弧擦伤	母材上的黑色影像	灰白色显示
	飞溅	灰白色圆点	黑色圆点
	表面撕裂	黑色条纹	灰白色条纹
	磨痕	黑色影像	灰白色显示
	凿痕	黑色影像	灰白色显示

表 3-3-7　焊缝射线底片上常出现的伪缺陷及其原因

影像特征	可能的原因
细小霉斑区域	底片陈旧发霉
底片角上边缘上有雾	暗盒封闭不严、漏光
普遍严重发灰	红灯不安全，显影液失效或胶片存放不当或过期
暗黑色珠状影像	显影处理前溅上显影液滴
黑色枝状条纹	静电感光
密集黑色小点	定影时银粒子流动
黑度较大的点和线	局部受机械压伤或划伤
淡色圆环斑	显影过程中有气泡
淡色斑点区域	增感屏损坏或夹有纸片，显影前胶片上溅上定影液也会产生这种现象

（2）焊接缺陷的识别。对于射线底片上影像所代表的缺陷性质的识别，通常可从以下三个方面来进行综合分析与判断。

1）缺陷影像的几何形状。影像的几何形状常是判断缺陷性质的最重要依据。分析缺陷影像几何形状时，一是分析单个或局部影像的基本形状；二是分析多个或整体影像的分布形状；三是分析影像轮廓线的特点。不同性质的缺陷具有不同的几何形状和空间分布特点。

2）缺陷影像的黑度分布。影像的黑度分布是判断影像性质的另一个重要依据。分析影像黑度特点时，一是考虑影像黑度相对于工件本体黑度的高低；二是考虑影像自身各部分黑度的分布。在缺陷具有相同或相近的几何形状时，影像的黑度分布特点往往成为判断影像缺陷性质的主要依据。

不同性质的缺陷，其内在性质往往是不同的。可以认为气孔内部不存在物质，夹渣是不同于本体材料的物质等。这种不同内在性质的缺陷对射线的吸收也不同，从而形成的缺陷影像的黑度分布也就不同。

3）缺陷影像的位置。缺陷影像在射线底片上的位置是判断影像缺陷性质的又一重要依据。缺陷影像在底片的位置是缺陷在工件中位置的反映，而缺陷在工件中出现的位置常具有一定规律，某些性质的缺陷只能出现在工件特定位置上。例如，对接焊缝的未焊透缺陷，其影像出现在焊缝影像中心线上，而未熔合缺陷的影像往往偏离焊缝影像中心。

c　焊接缺陷的定量测定

　　在厚壁工件探伤中，为了进一步判断焊缝中缺陷的大小和返修方便，往往需要知道缺陷的确切位置。

　　射线照相得到的是空间物体在胶片平面上的二维投影图像。缺陷在焊缝中的平面位置及大小可在底片上直接测定，而其埋藏深度却必须采用特殊的透照方法。

　　（1）缺陷埋藏深度的确定。确定缺陷埋藏深度可采用双重曝光法，即移动射线源焦点与工件之间的相互位置，对同一张底片进行两次重复曝光，如图 3-3-7 所示。当测定缺陷 x 时，先在 A_1 的位置透照一次，然后工件和暗盒不动，平行移动射线源的焦点至 A_2，再进行一次曝光，这样在底片上就得到缺陷 x 的两个投影 E_1 和 E_2，从它们之间的几何关系可以计算出缺陷的埋藏深度。

$$h = \frac{S(L - l) - al}{a + S}$$

式中，h 为缺陷距工件下表面的距离，mm；S 为两次曝光时在底片上所得的两缺陷影像之间距离，mm；L 为焦距，mm；i 为工件与胶片的距离，mm；a 为射线源焦点从 A_1 到 A_2 的移动距离，mm。

　　如果暗盒很薄而且紧贴工件时，则可取 $l = 0$，而得：

$$h = \frac{SL}{a + S}$$

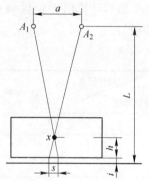

图 3-3-7　双重曝光法

　　（2）缺陷在射线方向上的尺寸。缺陷在射线方向上的尺寸大小可用黑度计测定。根据射线照相法原理，底片上缺陷影像的黑度越大，说明照射时透过该部位的射线越强，缺陷在射线方向上的尺寸也就越大。一般通过事先制定出的缺陷尺寸——黑度关系曲线，便可从黑度计上测得的缺陷影像黑度来确定缺陷在射线方向上的尺寸大小。

　　d　焊缝质量的评定

　　根据焊接缺陷形状、大小、国家标准将焊缝中的缺陷分成圆形缺陷、条状夹渣、未焊透、未熔合和裂纹等 5 种。其中圆形缺陷是指长宽比不超过 3 的缺陷，它们可以是圆形、椭圆性、锥形或带有尾巴（在测定尺寸时应包括尾部）等不规则的形状，包括气孔、夹渣和夹钨。条状夹渣是指长宽比大于 3 的夹渣。

　　按照焊接缺陷的性质、数量和大小将焊缝质量分为 Ⅰ、Ⅱ、Ⅲ、Ⅳ 共四级，质量依次降低。

　　Ⅰ级焊缝内不允许存在任何裂纹、未熔合、未焊透以及条状夹渣，允许有一定数量和一定尺寸的圆形缺陷存在。

　　Ⅱ级焊缝内不允许存在任何裂纹、未熔合、未焊透等三种缺陷，允许有一定数量、一定尺寸的条状夹渣和圆形缺陷存在。

　　Ⅲ级焊缝内不允许存在任何裂纹、未熔合以及双面焊和加垫板的单面焊中的未焊透，允许有一定数量、一定尺寸的条状夹渣和圆形缺陷存在。

　　Ⅳ级焊缝指焊缝缺陷超过Ⅲ级者。

　　（1）圆形缺陷的评定。圆形缺陷的评定首先确定评定区，见表 3-3-8。其次考虑到不同尺寸的缺陷对焊缝危害程度也越大，因此对于评定区域内大小不同的圆形缺陷不能同等对待，应将尺寸按表 3-3-9 规定换算成缺陷点数。

表 3-3-8　圆形缺陷评定区　　　　　　　　（mm）

母材厚度 T	≤25	>25~100	>100
评定区尺寸	10×10	10×20	10×30

表 3-3-9　缺陷点数算表

缺陷长径/mm	≤1	>1~2	>2~3	>3~4	>4~6	>6~8	>8
点数	1	2	3	6	10	15	25

最后计算出评定区域内缺陷点数总和，然后按表 3-3-10 提供的数量来确定缺陷的等级。

表 3-3-10　圆形缺陷的分级

母材厚度/mm 质量等级	≤10	>10~25	>25~25	>25~50	50~100	>100
I	1	2	3	4	5	6
II	3	6	9	12	15	18
III	6	12	18	24	30	36
IV	缺陷点大于 III 级者					

（2）条状夹渣的评定。条状夹渣的等级评定根据单个条状夹渣长度、条状夹渣总长及相邻两条状夹渣间的距离三个方面来进行综合评定。

当底片上存在单个条状夹渣时，以夹渣长度确定其等级。考虑到条状夹渣长度对不同板厚的工件危害程度不同，一般较厚的工件允许较长的条状夹渣存在。因此国家标准规定，也可以用条状夹渣长度占板厚的比值来进行等级评定，见表 3-3-11。

表 3-3-11　条状夹渣的分级　　　　　　　　（mm）

质量等级	单个条状夹渣长度		条状夹渣总长
	板厚 T	夹渣长度	
II	$T≤12$	4	在任意直线上，相邻两夹渣间距均不超过 $6L$ 的任何一组夹渣，其累计长度在 $12T$ 焊缝长度内不超过 T
	$12<T<60$	1/3	
	$T≥60$	20	
III	$T≤9$	6	在任意直线上，相邻两夹渣间距均不超过 $3L$ 的任何一组夹渣，其累计长度在 $6T$ 焊缝长度内不超过 T
	$9<T<45$	$<2T/3$	
	$T≥45$	30	
IV	大于 III 级者		

e　探伤记录和报告

射线照相检验后，应对检验结果及有关事项进行详细记录并写出检验报告。其主要内容包括产品名称、检验部位、检验方法、透照规范、缺陷名称、评定等级、返修情况和透照日期等。底片及有关人员签字的原始记录和检验报告必须妥善保存，一般保存五年以上。

3.3.4.2　超声波探伤

A　超声波基本知识

a　超声波探伤基本原理

超声波探伤是利用超声波在物体中的传播、反射和衰减等物理特性来发现缺陷的一种无损检测方法，如图 3-3-8 所示。它主要用于检测金属材料和部分非金属材料的内部缺陷。超声波探伤具有成本低、操作方便、检测厚度大、对人和环境无害等突出优点，但也存在诸如探伤不直观、难以确定缺陷的性质、评定结果在很大程度上受操作者技术水平和经验的影响及不能给出永久性记录等缺点。

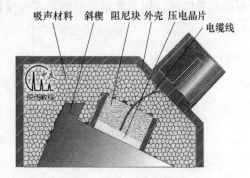

图 3-3-8　超声波探伤

（1）超声波的波形，如图 3-3-9 所示。

图 3-3-9　超声波的波形

1）纵波。质点振动方向与波传播方向一致的波称为纵波或压波，用符号 L 表示。纵波可在固体、液体和气体介质中传播。

2）横波。质点振动方向与波传播方向垂直的波称为横波，用符号 S 表示。

3）表面波。仅在固体表面传播且介质表面质点做椭圆运动的声波，称为表面波，用符号 R 表示。

（2）超声波的声速与波长。

1）超声波的声速。单位时间内超声波传播的距离即超声波的声速。用符号"c"表示。

2）超声波波长。在超声波的传播方向上相位相同的相邻两质点间的距离称为超声波的波长，用符号"λ"表示。

3）声速、波长和频率之间的关系：$c = f\lambda$

b　超声波的产生与接收

探伤中采用压电法来产生超声波。压电法是利用压电晶体片来产生超声波的。压电晶体片是一种特殊的晶体材料，当压电晶体片受拉应力或压应力的作用产生变形时，会在晶片表面出现电荷；反之，其在电荷或电场作用下，会发生变形，前者称为正压电效应，后者称为逆压电效应，如图 3-3-10（a）所示。

超声波的产生和接收是利用超声波探头中压电晶体片的压电效应来实现的。由超声波探伤仪产生的电振荡，以高频电压形式加载于探头中的压电晶体片的两面上，由于逆压电效应的结果，压电晶体片会在厚度方向上产生持续的伸缩变形，形成了机械振动。若压电晶体片与工件表面有良好的耦合时，机械振动就以超声波形式传播进入被检工件，这就是超声波的产生。反之，当压电晶体片受到超声波作用而发生伸缩变形时，正压电效应的结果会使压电晶体片两表面产生具有不同极性的电荷，如图 3-3-10（b）所示，形成超声频率的高频电压，以回波电信号的形式经探伤仪显示，这就是超声波的接收。

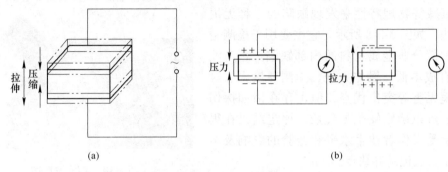

图 3-3-10　电压效应

（a）逆压电效应；（b）正压电效应

c　超声波的性质

（1）有良好的指向性。

1）直线性。超声波的波长很短（毫米数量级），因此它在弹性介质中能像光波一样沿直线传播，并符合几何光学规律。

2）束射性。声源发生的超声波能集中在一定区域（称为超声场）定向辐射。

（2）异质界面上的透射、反射、折射和波型转换，如图 3-3-11 所示。

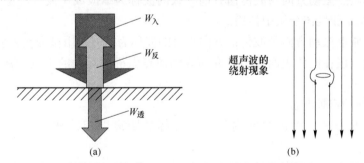

图 3-3-11　异质界面上的反射、折射和绕射

（a）超声波的反射与透射；（b）超声波的绕射

1）垂直入射异质界面时的透射、反射和绕射。

当超声波从一种介质垂直入射到第二种介质上时，其能量的一部分被反射而形成与入射波方向相反的反射波，其余能量则透过界面产生与入射波方向相同的透射波。超声波反射能量 $W_\text{反}$ 与入射能量 $W_\text{入}$ 之比称之为超声波能量的反射系数 K，即 $K = W_\text{反} / W_\text{入}$。

超声波在异质界面上的反射是很严重的，尤其在固-气界面上 $K = 1$，因此探伤中良好的耦合是一个必要条件。当然，焊缝与其中的缺陷构成的异质界面，也正因为有极大的反射才使探伤成为可能。当界面尺寸很小时，超声波能绕过其边缘继续前进，即产生波的绕射，如图 3-3-11。由于绕射使反射回波减弱，一般认为超声波探伤中能探测到的缺陷尺寸为 λ/2，这是一个重要原因。显然，要想能探测到更小的缺陷，就必须提高超声波的频率。

2）倾斜入射异质界面时的反射、折射、波型转换。纵波倾斜入射到不同介质的表面时会产生反射纵波 L_1、反射横波 S_1、折射纵波 L_2 和折射横波 S_2，不同波形的入射角、反射角、折射角的关系遵循几何光学的原理，如图 3-3-12 所示。

由于超声波通过介质时具有折射的性质，因此如同光线一样，可利用透镜进行聚焦。聚焦所用的声透镜可用液体、金属、有机玻璃和环氧树脂等材料制作。

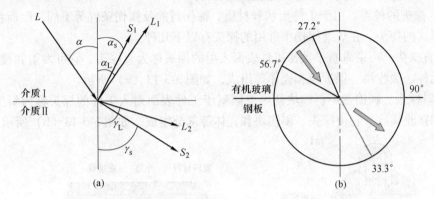

图 3-3-12　倾斜入射异质界面时的反射、折射波形转换
(a) 反射与折射；(b) 临界角

第一临界角：当在第二介质中的折射纵波角等于 90°时称这时的纵波入射角为第一临界角 α_I。这时在第二介质中已没有纵波，只有横波。焊缝探伤用的横波就是，经过界面波型转换得到的。

第二临界角：当纵波入射角继续增大时，在第二介质中的横波折射角也增大，当 β_S 达 90°时，第二介质中没有超声波，超声波都在表面，为表面波。

在有机玻璃与钢的界面：

第一临界角为 $\alpha=27.2°$，$\beta_S=33.3°$

第二临界角为 $\alpha=56.7°$，$\beta_S=90°$

用于焊缝检测的超声波斜探头的入射角必须大于第一临界角而小于第二临界角。我国习惯将斜探头的横波折射角用横波折射角度的正切值表示，如 $K=2$。

由第一、第二临界角的物理意义可知：

①当 $\alpha<\alpha_{1m}$ 时，第二种介质中同时存在着折射纵波和折射横波，这种情况在探伤中不采用。

②当 $\alpha_{1m}\leqslant\alpha<\alpha_{2m}$ 时，第二种介质中只存在折射横波，这是常用的斜探头的设计原理和依据，也是横波探伤的基本条件。

3）当 $\alpha\geqslant\alpha_{2m}$ 时，第二种介质中既无折射纵波又无折射横波，但这时在第二种介质表面形成表面波，这是常用表面波探头的设计原理和依据。

d　超声波的衰减

超声波在介质传播过程中，其能量随着传播距离的增加而逐渐减弱的现象称为超声波的衰减。引起超声波衰减的原因主要有以下三个方面：

（1）散射引起的衰减；

（2）介质吸收性引起的衰减；

（3）声束扩散引起的衰减。

B　超声波探伤设备简介

a　超声波探头

超声波探伤设备一般由超声波探伤仪、探头和试块组成。超声波探头又称压电超声换能器，是实现电-声能量相互转换的能量转换器件。

（1）探头的种类。由于工件形状和材质、探伤目的及探伤条件等不同，因而将使用各种不同形式的探头。在焊缝探伤中常用的探头有以下几种：

1）直探头。声束垂直于被探工件表面入射的探头称为直探头。它可发射和接收纵波。由压电元件、吸收块、保护膜和壳体等组成，如图 3-3-13（a）所示。

2）斜探头。利用透声斜楔块使声束倾斜于工件表面射入工件的探头称为斜探头。它可发射和接收横波。它由探头、斜楔块和壳体等部分组成，如图 3-3-13（b）所示。

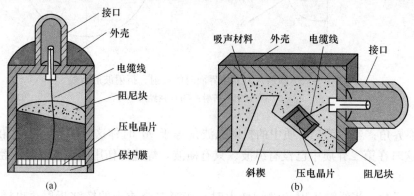

图 3-3-13　探头
(a) 直探头；(b) 斜探头

3）水浸聚焦探头。它是一种由超声探头和声透镜组合而成的探头，如图 3-3-14（a）所示。

4）双晶探头。双晶探头又称分割式 TR 探头，主要用探测近表面缺陷和薄工件的测厚，如图 3-3-14（b）所示。

（2）探头的主要参数。焊缝超声波探伤常使用斜探头。斜探头的主要性能如下：

1）折射角 γ（或探头 K 值）。γ 或 K 值大小决定了声束入射工作的方向和声波传播途径，是为缺陷定位计算提供的一个有用数据。

2）前沿长度。声束入射点至探头前端面的距离称前沿长度，又称接近长度。它反映了探头对有余高的焊缝可接近的程度。

3）声轴偏离角。探头主声速轴线与晶片中心法线之间的夹角称为声速轴线偏向角。

（3）探头型号。探头型号由 5 部分组成，用一组数字和字母表示，其排列顺序如下：

1）基本频率。单位为 MHz。

2）晶片材料。

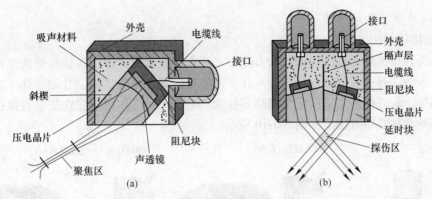

图 3-3-14 探头
（a）水浸聚焦探头；（b）双晶探头

3）晶片尺寸。圆形晶片为晶片直径；方形晶片为晶片长度×宽度；分割探头晶片为分割前的尺寸。

4）探头种类。用汉语拼音缩写字母表示，直探头也可以不标出。

5）探头特征。斜探头为其 K 值或 γ，单位为（°）。

b　超声波探伤仪

超声波探伤仪是探伤的主体设备，主要功能是产生超声频率电振荡，并以此来激励探头发射超声波。同时，它又将探头接收到的回波电信号予以放大、处理，并通过一定方式显示出来。如图 3-3-15 所示。

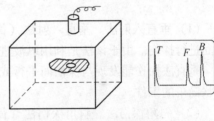

图 3-3-15　超声波探伤仪示意图

（1）超声波探伤仪的分类。

1）按超声波的连续性可将探伤仪分为脉冲波、连续波和调频波探伤仪三种。

2）按缺陷显示方式，可将探伤仪分为 A 型显示（缺陷波幅显示）、B 型显示（缺陷俯视图像显示）、C 型显示（缺陷侧视图像显示）和 3D 型显示（缺陷三维图像显示）超声波探伤仪等。

3）按超声波的通道数目又可将探伤仪分为单通道和多通道超声波探伤仪两种。前者是由一个或一对探头单独工作；后者是由多个或多对探头交替工作，而每一通道相当于一台单通道探伤仪，适用于自动化探伤。

（2）A 型脉冲反射式超声波探伤仪。接通电源后，同步电路产生的触发脉冲同时加至扫描电路和发射电路。扫描电路受触发后开始工作，产生的锯齿波电压加至示波管水平（x 轴）偏转板上，使电子束发生水平偏转，从而在示波屏上产生一条水平扫描线（又称时间基线）。

与此同时，发射电路受触发产生高频窄脉冲加至探头，激励压电晶片振动而产生超声波，再通过探测表面的耦合剂将超声波导入工件。超声波在工件中传播遇到缺陷或底面时会发生反射，回波被同一探头或接收探头所接收并被转变为电信号，经接收电路放大和检波后加至示波管垂直（y 轴）偏转板上，使电子束发生垂直偏转，在水平扫描线的相应位置上产生始波（表面反射波）、缺陷波 F、底波 B。

C　超声波探伤的基本方法

a　直接接触法

使探头直接接触工件进行探伤的方法称之为直接接触法。使用直接接触法应在探头和被探工件表面涂有一层耦合剂作为传声介质。常用的耦合剂有机油、甘油、化学浆糊、水及水玻璃等。焊缝探伤多采用化学浆糊和甘油。垂直入射法和斜角探伤法是直接接触法超声波探伤的两种基本方法。如图 3-3-16 所示。

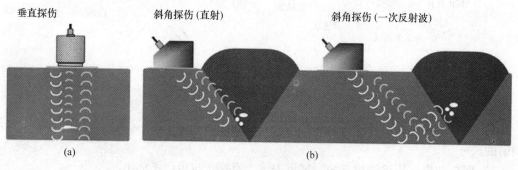

图 3-3-16　超声波探伤方法
(a) 垂直探伤；(b) 斜角探伤

（1）垂直入射法。垂直入射法（简称垂直法）是采用直探头将声束垂直入射工件探伤面进行探伤。由于该法是利用纵波进行探伤，故又称纵波法。

垂直法探伤能发现与探伤面平行或近于平行的缺陷，适用于厚钢板、轴类、轮等几何形状简单的工件。

（2）斜角探伤法。斜角探伤法（简称斜射法）是采用斜探头将声束倾斜入射工件探伤面进行探伤。由于它是利用横波进行探伤，故又称横波法。斜角探伤法能发现与探测表面成角度的缺陷，常用于焊缝、环状锻件、管材的检查。

斜角探伤法有直射法和一次反射法两种。直射法是在 0.5 跨距的声程以内，超声波不经底面反射而直接对准缺陷的探伤方法，又称一次波法；一次反射法是超声波只在底面反射一次而对准缺陷的探伤方法，又称二次波法。

b　液浸法

液浸法是将工件和探头头部浸在耦合液体中，探头不接触工件的探伤方法，如图 3-3-17 所示。根据工件和探头浸没方式，有全没液浸法、局部液浸法和喷流式局部液浸法等。

液浸法当用水作耦合介质时，称作水浸法。水浸法探伤时，探头常采用聚焦探头，即最常用的水浸聚焦超声波探伤。

液浸法探伤由于探头与工件不直接接触，因此它具有探头不易磨损，且声波的发射和接收比较稳定等优点。其主要缺点是，需要一些辅助设备，如液槽、探头桥架、探头操纵器等。

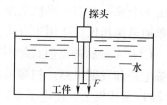

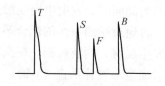

图 3-3-17　液浸法探伤原理示意图

D　焊缝的超声波探伤

a　超声波探伤仪的使用方法

以汕头超声电子仪器公司生产的 CTS-22 型超声波探伤仪为例，如图 3-3-18 所示，其最小探测距离（相邻缺陷之间的距离）不大于 3mm，探测深度为 10~5000mm。

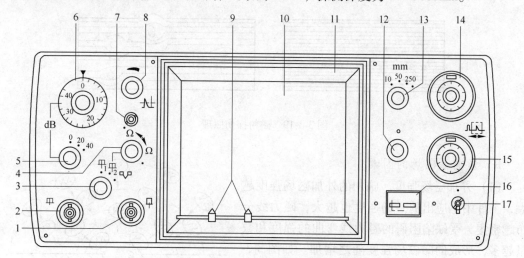

图 3-3-18　CTS-22 超声波探伤面板图

1—"发"插座；2—"收"插座；3—工作方式选择；4—发射强度；5—粗调衰减器；
6—细调衰减器；7—抑制；8—增益；9—定位游标；10—示波屏；11—遮光罩；12—聚焦；
13—深度范围；14—深度微调；15—脉冲移位；16—电源电压指示器；17—电源开关

使用步骤如下：

（1）把探伤仪接上稳压电源，闭合仪器面板上的电源开关。

（2）接上探头。

（3）调节探伤仪的"灰度"、"聚焦"、"扫描水平和垂直位置"旋钮，并使起始波的前沿对准标尺零点。

（4）清理试件表面，涂上耦合剂。

（5）调节"深度"旋钮；把"微调"控制旋钮调到零位；把"粗调"控制旋钮调到和试件厚度相当的挡数。

（6）适当调节"微调"旋钮，以便测读荧光屏上底波位置。

（7）用标准试块检验仪器的时基线性、斜探头入射点、折射角、扫描速度和校正零点。

（8）校验试件和焊件的缺陷。

（9）探伤完毕后切断电源，卸下探头。

b　钢焊缝手工超声波探伤方法及探伤结果分级

参看 GB/T 11345—2013《焊缝无损检测　超声检测技术、检测等级和评定》。

3.3.4.3　磁粉探伤

A　磁粉探伤原理

将铁磁材料制成的工件放在磁极之间，工件中就会有磁力线通过。如果工件内部没有缺陷且各处的磁导率一致，则磁力线在工件中分布是均匀的，如图 3-3-19（a）所示。当工件中有气孔、夹渣、裂纹等缺陷存在时，构成缺陷的是非磁性物质，磁导率很低，磁阻很大，必将引起磁力线在工件中的分布发生变化，如图 3-3-19（b）所示，在缺陷处的磁力线发生弯曲。

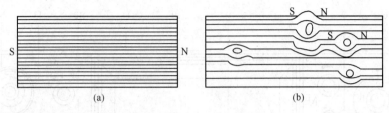

图 3-3-19　磁粉探伤原理

B　影响漏磁场的因素

（1）外加磁场强度。施加的外加磁场强度越大，工件中感应出的磁场强度也越大，磁力线分布越密集，受缺陷阻碍的磁力线弯曲的强度和数量越多，形成的漏磁场强度随之增加。如图 3-3-20 所示。

（2）材料的磁导率。不同材料的磁导率是不一样的；磁导率高的材料导磁性能好，容易磁化。

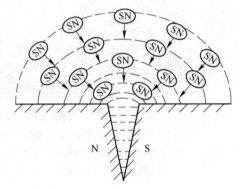

图 3-3-20

（3）缺陷自身特点。缺陷位置；缺陷方向；缺陷性质；缺陷大小和形状。具体如图 3-3-21～图 3-3-24 所示。

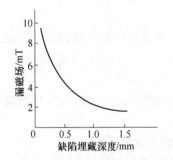

图 3-3-21　缺陷埋藏深度对漏磁场的影响

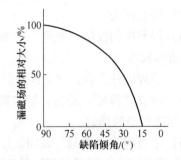

图 3-3-22　缺陷倾角深度对漏磁场的影响

（4）工件表面状态。

C　磁粉探伤材料与设备

磁粉是一粒度细小的磁性粉状物质，主要成分为 Fe_3O_4、Fe_2O_3，如图 3-3-25 所示。

（1）磁粉分类。据磁痕的观察方法分为荧光磁粉和非荧光磁粉；据分散介质不同分为干磁粉和湿磁粉。

除了上述的几种磁粉外，随着钢构件的应用范围及环境影响，目前已经研究出一些特种磁粉，如空心球形磁粉、湿法固着磁粉、高温磁粉等。

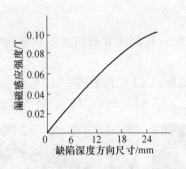

图 3-3-23　缺陷自身深度尺寸与漏磁场的关系

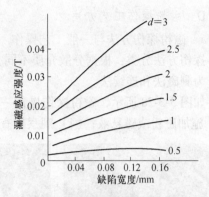

图 3-3-24　缺陷宽度与漏磁场的关系

（2）灵敏度试片。灵敏度试片分为 A 型灵敏度试片、环形灵敏度试块（B 型灵敏度试块）、平板型灵敏度试块（C 型灵敏度试块）和磁场指示器（八角灵敏度试块）。A 型灵敏度试片和 C 型灵敏度试片如图 3-3-26 所示。

（3）磁粉探伤机。磁粉探伤机如图 3-3-27 所示，分为固定式、移动式和便携式。

便携式探伤机又分为电磁轭型、交叉磁轭型、永久磁轭型和支杆型。

图 3-3-25　磁粉

　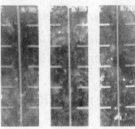

A 型灵敏度试片　　　　　　　　C 型灵敏度试片

图 3-3-26　灵敏度试片

　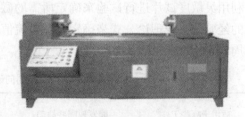

便携式探伤机　　　　　　　　　固定式探伤机

图 3-3-27　磁粉探伤机

D　磁粉探伤工艺方法

a　磁粉探伤方法与一般工艺操作

探伤方法分类：根据分散介质不同分为干法和湿法，根据施加磁粉或磁悬液的时机不同分为剩磁法和连续法。

如图 3-3-28 所示，磁粉探伤操作一般工艺操作规程：（1）预处理；（2）磁化工件；（3）施加磁粉或磁悬液；（4）观察检查；（5）退磁；（6）后处理；（7）记录与标记。

图 3-3-28　磁粉探伤操作

b　磁化方法

根据外加磁场的方向不同分为周向磁化法、纵向磁化法和复合磁化法。

（1）周向磁化法又分为直接通电法、穿心棒法、穿电缆法、支杆法等；

（2）纵向磁化法又分为线圈法、磁轭法和电磁感应法等；

（3）复合磁化法又分为旋转磁场磁化法、摆动磁场磁化法和纵向周向先后磁化法。

c　磁化电流

目前磁粉探伤常用的磁化电流有交流电、直流电、整流电和冲击电流等几种。

d　磁化规范

（1）磁化电流大小的确定。磁化电流的大小对磁粉探伤灵敏度有决定性的影响。确定磁化电流的原则是使工件表面或近表面规定深度和大小的缺陷得到清晰显示。具体确定方法有几种：一是根据工件材料的磁化曲线来确定，一般以使工件表面的磁感应强度达到饱和磁感应的 80% 为宜，这样既可防止磁化不足引起漏检，又可防止过渡磁化，产生杂乱显示；二是利用灵敏度试片进行试验来确定所需的磁化电流值，这种方法较可靠；三是利用一些成功的经验公式或理论公式来确定磁化电流值，这种方法简便可行。

工作周向磁化规范见表 3-3-12。

表 3-3-12　工件周向磁化规范

规范名称	适用于哪些工件	能发现哪些缺陷	检验方法	工件表面磁场强度/A·m⁻¹	工件磁化电流计算公式		
					圆筒形	圆板	板材
标准规范	表面光洁度较高负荷工件	深度超过 0.05 毫米的表面缺陷，以及埋藏深度在 0.5 毫米之内较大缺陷	剩磁法	8000	$I=25D$	$I=16D$	$I=16S$
			连续法	2400	$I=8D$	$I=5D$	$I=5S$

续表 3-3-12

规范名称	适用于哪些工件	能发现哪些缺陷	检验方法	工件表面磁场强度/A·m⁻¹	工件磁化电流计算公式		
					圆筒形	圆板	板材
严格规范	弹簧、喷嘴管等高负荷工件及工件应力高度集中区，这些部位易产生早期疲劳裂纹或细小磨削裂纹	在抛光表面上，凡深度在0.05毫米之内细小发纹和磨削裂纹均可全部发现，亦即实际上可发现所有缺陷	剩磁法	14400	$I=45D$	$I=30D$	$I=30S$
放宽规范	承受静力和重复静力（拉伸、压缩）的表面粗加工工件	能发现所有危险缺陷（表面裂纹、延伸于金属深处之发纹），也能部分发现细小缺陷	连续法	4800	$I=15D$	$I=10D$	$I=10S$
			剩磁法	4800	$I=15D$	$I=10D$	$I=10S$

注：I—磁化电流（交流有效值），A；D—工件直径，mm；S—板之宽度，mm。

（2）磁化时间。在磁粉探伤中，还必须合理选择磁化时间，磁化时间太短，达不到磁化效果；磁化时间太长，生产效率低。一般连续法探伤时，要通电 2~3 次，1~3s/次。剩磁法探伤时，要通电 1~2 次，0.5~1s/次。

e　磁痕分析

磁痕分为相关显示和非相关显示，非相关显示一般都是伪缺陷。

缺陷磁痕一般有裂纹、夹杂、分层、白点、折叠、疏松、气孔、发纹。

伪磁痕一般有工件截面突变、加工硬化、局部淬火、两种材料结合处、碳化物带状组织、磁泻、磁化电流过大、电极与磁极、划伤或刀痕、其他（工件表面的油污、熔渣等也会引起磁粉聚集，形成磁痕，这种磁痕在清除工件表面的油污、熔渣后可以消除）。

磁痕的评定：JB 4730—1994 将缺陷磁痕分为圆形显示、线性显示。圆形显示是指长度与宽度之比小于或等于 3 的缺陷显示。线性显示是指长度与宽度之比大于 3 的缺陷显示。磁痕显示图如图 3-2-29 所示。

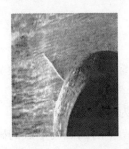

图 3-3-29　磁痕显示图

据缺陷方向不同又分为横向缺陷与纵向缺陷。横向缺陷是指缺陷长轴方向与工件轴线夹角大于等于 30°的缺陷，其余为纵向缺陷。

同一直线上有两个或两个以上缺陷，且间距不超过 2mm 时，按一个缺陷处理，其累积长度为两个缺陷之和加间距。

f　退磁

由磁滞回线可知，磁粉探伤过的工件不管在任何处断电都将保留一定的剩磁，工件上存在的剩磁往往会带来一些不良后果。因此磁粉探伤后的工件有时要退磁，比如以下几种情况：

（1）当工件附近有电磁剂量仪表时，工件剩磁将会影响仪表的正常工作，使仪表的剂量精度下降，误差增加。

（2）对于运动的零部件，因剩磁存在而吸附磁粉或金属微粒，加速零部件的磨损和损坏，使寿命降低。

（3）探伤以后需要进行继续加工的工件，由于剩磁存在而吸附铁屑，干扰对工件的进一步加工，使工件表面光洁度降低。

（4）在电弧焊中，当工件剩磁较大时，剩磁会使焊接电弧发生偏转，造成焊位偏离。

（5）工件上剩磁的存在还会影响工件上的磁粉的清除和进一步检查。

当然，也不是所有的工件在磁粉探伤后都要退磁，遇以下几种情况可以不退磁：

（1）要求不高的非运动零部件，如某些锅炉压力容器。

（2）磁粉探伤后尚需要进行加热温度在磁性居里点以上的热处理。

（3）需要进一步进行磁粉探伤的工件。

（4）磁导率很高，剩磁很低的某些软磁材料。

g　影响磁粉探伤灵敏度的主要因素

磁粉探伤灵敏度是指有效地检出工件表面或近表面规定大小缺陷的能力。认真分析影响磁粉探伤灵敏度的主要因素，对于防止缺陷漏检或误判，提高探伤灵敏度具有重要的意义。

影响磁粉探伤灵敏度的几大因素：

（1）工件状况的影响。

（2）缺陷状况的影响。

（3）磁粉与磁悬液性能的影响。

（4）磁化电流和磁化方法的影响。

（5）工艺操作的影响。

h　磁痕显示与判别

（1）磁痕的分类。能够形成磁痕显示的原因很多，综合各种原因将磁痕分为三类：相关显示，非相关显示和伪显示。

相关显示：由缺陷产生的漏磁场形成的磁痕显示称为相关显示。

非相关显示：由工件截面突变和材料磁导率差异等产生的漏磁场形成的磁痕显示称为非相关显示。

伪显示：由非漏磁场形成的磁痕显示称为伪显示。

（2）表面与近表面缺陷磁痕显示的区别。表面缺陷，泛指各种工艺产生的缺陷。一般情况下，缺陷露出表面，并有一定的深宽比。其磁痕特征是浓密清晰、瘦直、呈弯曲的线状、网状或直线状，磁痕显示重复性好。其形状分布与缺陷类型有关。

近表面缺陷，指表面下的气孔、夹杂物、发纹和未焊透等缺陷，因缺陷未露出表面，其磁痕特征是宽而模糊，轮廓不清晰。磁痕显示与缺陷性质和缺陷埋藏深度有关。

E　焊缝磁粉探伤工作实施细则引用标准与依据

检验依据：GB 50205—2001《钢结构工程施工质量验收规范》。

引用标准：JB/T 6061—2007《焊缝磁粉检测方法和缺陷磁痕的分级》、JB 4730.4—2005《承压设备无损检测磁粉检测》。

3.3.4.4　渗透探伤

渗透检测是一种检测材料或零件表面和近表面开口缺陷的无损检测技术。它几乎不受被检部件的形状、大小、组织结构、化学成分和缺陷方位的限制，可广泛使用于锻件、铸件、焊接件等各种加工工艺的质量检验，以及金属、陶瓷、玻璃、塑料、粉末冶金等各种材料制造的零件的质量检测。渗透检测不需要特别复杂的设备，操作简单，缺陷显示直观，检测灵敏度高，检测费用低，对复杂零件可一次检测出各个方向的缺陷。

但是，渗透检测受被检物体表面粗糙度的影响较大，不适用于多孔材料及其制品的检测。同时，该技术也受检测人员技术水平影响较大。渗透检测技术只能检测出表面开口缺陷，对内部缺陷无能为力。

A　渗透检测的基本原理

液体渗透检测的基本原理是由于渗透液的湿润作用和毛细现象而进入表面开口的缺陷，随后被吸附和显像。

渗透作用的深度和速度与渗透液的表面张力、黏附力、内聚力、渗透时间、材料的表面状况、缺陷的大小及类型等因素有关。

a　液体的表面张力

作用在液体表面而使液体表面收缩并趋于最小表面积的力，称为液体的表面张力。

表面张力产生的原因是因液体分子之间客观存在着强烈的吸引力，由于这个力的作用，液体分子才进行结合，成为液态整体。液体的表面张力是两个共存相之间出现的一种界面现象，是液体表面层收缩趋势的表现。

在液体内部的每一个分子所受的力是平衡的，即合力为零；而处于表面层上的分子，上部受气体分子的吸引，下部受液体分子的吸引，由于气体分子的浓度远小于液体分子的浓度，因此表面层上的分子所受下边液体的引力大于上边气体的引力，合力不为零，方向指向液体内部。这个合力，就是所说的表面张力。它总是力图使液体表面积收缩到可能达到的最低程度。表面张力的大小可表示为

$$F = \sigma l$$

式中，σ 为表面张力系数，为液体边界线单位长度的表面张力，N/m；l 为液面的长度。

容易挥发的液体（如丙酮、酒精）比不易挥发的液体（如水银）的表面张力系数小；同一种液体，高温时比低温时的表面张力系数小；含有杂质的液体比纯净的液体的表面张力系数小。

b　液体的润湿作用

润湿是固体表面上的气体被液体取代的过程。渗透液润湿金属表面或其他固体材料表面的能力，是判定其是否具有高的渗透能力的一个最重要的指征。

液体对固体的润湿程度，可以用它们的接触角的大小来表示。把两种互不相溶的物质

间的交界面称为界面，则接触角 θ 就是指液固界面
与液气界面处液体表面的切线所夹的角度。由图 3-
3-30 可知，θ 越大，液体对固体工件的润湿能力
越小。

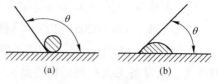

图 3-3-30   接触角

c 液体的毛细现象

把一根内径很细的玻璃管插入液体内，根据液
体对管子的润湿能力的不同，管内的液面高度就会发生不同的变化。如果液体能够润湿管
子，则液面在管内上升，且形成凹形，如图 3-3-31（a）所示；如果液体对管子没有润湿
能力，那么管内的液面下降，且成为凸形弯曲，如图 3-3-31（b）所示。这种弯曲的液面，
称为弯月面。液体的润湿能力越强，管内液面上升越高。以上这种细管内液面高度的变化
现象，称为液体的毛细现象。毛细现象的动力为：固体管壁分子吸引液体分子，引起液体
密度增加，产生侧向斥压强推动附面层上升，形成弯月面，由弯月面表面张力收缩提拉液
柱上升。平衡时，管壁侧向斥压力通过表面张力传递，与液柱重力平衡。

毛细现象使液体在管内上升或下降的高度为：

$$h = \frac{2\sigma\cos\theta}{r\rho g}$$

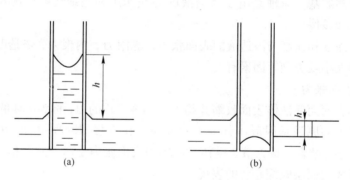

图 3-3-31   液体的毛细现象

d 液体渗透检测基本原理

将零件表面的开口缺陷看作是毛细管或毛细缝隙。液体渗透检测法的基本原理是依据
物理学中液体对固体的润湿能力和毛细现象为基础的（包括渗透和上升现象）。首先将被
探工件浸涂具有高度渗透能力的渗透液，由于液体的润湿作用和毛细现象，渗透液便渗入
工件表面缺陷中。然后将工件缺陷以外的多余渗透液清洗干净，再涂一层吸附力很强的白
色显像剂，将渗入裂缝中的渗透液吸出来，形成一个放大的缺陷显示，在白色涂层上便显
示出缺陷的形状和位置的鲜明图案，从而达到了无损检测的目的。如图 3-3-32 所示。

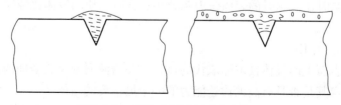

图 3-3-32   裂纹中的渗透液溢出表面

渗透剂按显像方式可分为荧光渗透剂和着色渗透剂两种。按清洗方法可分为水洗型渗透剂、后乳化型渗透剂和溶剂去除型渗透剂三种。

水洗型：在渗透剂中加入了乳化剂，可直接用水清洗。

后乳化型：渗透剂中不含乳化剂，在渗透完成后，给零件表面的渗透剂加乳化剂。

溶剂去除型：渗透剂中不用乳化剂，利用有机溶剂（如汽油、酒精、丙酮）来清洗零件表面多余的渗透剂。

B　渗透检测技术

液体渗透检测方法很多，可按不同的标准对其进行分类。按缺陷的显示方法不同，可分为着色法和荧光法；按渗透液的清洗方法不同，可分为自乳化型、后乳化型和溶剂清洗型；按缺陷的性质不同，可分为检查表面缺陷的表面检测法和检查穿透型缺陷的检漏法；按施加检测剂的方式不同，可分为浸涂法、刷涂法、喷涂法、流涂法和静电喷涂法等。

a　渗透检测的基本步骤

主要介绍着色渗透检测法。该方法一般分为 7 个基本步骤：预清洗（前处理）、渗透、清洗、干燥、显像、观察及后处理。如图 3-3-33 所示。

（1）预清洗。检测部位的表面状况在很大程度上影响着渗透检测的检测质量。因此，在进行过表面清理之后还要进行一次预清洗，以去除检测表面的铁锈、氧化皮、焊接飞溅、铁屑、毛刺以及各种防护层等。清洗时，可采用溶剂、洗涤剂等进行。清洗后，检测面上遗留的溶剂、水分等必须干燥，且应保证在施加渗透剂之前不被污染。

（2）施加渗透剂。

1）渗透剂施加方法。施加方法应根据零件大小、形状、数量和检测部位来选择。所选方法应保证被检部位完全被渗透剂覆盖，并在整个渗透时间内保持润湿状态。具体施加方法如下：

①喷涂：可用静电喷涂装置、喷罐及低压泵等进行，适用于大工件的局部或全部检测。

②刷涂：可用刷子、棉纱、布等进行，适用于大工件的局部检测、焊缝检测。

③浇涂：将渗透剂直接浇在工件被检面，适用于大工件局部检测。

④浸涂：把整个工件浸泡在渗透剂中，适用于小零件的全面检测。

2）渗透时间及温度。在 15~50℃ 的温度条件下，渗透剂的渗透时间一般不得少于 10min。当温度降低到 3~15℃ 时，应根据温度适当的增加渗透时间；当温度超过 50℃ 或低于 3℃ 时，渗透时间应另做修改。

（3）清洗多余的渗透剂。在清洗工件被检表面多余的渗透剂时，应注意防止过度清洗（使检测质量下降）或清洗不足（造成对缺陷显示识别困难）。用荧光渗透剂时，可在紫外灯照射下边观察边清洗。溶剂去除型渗透剂用清洗剂清洗。除特别难于清洗的地方外，一般应先用干净不脱毛的布依次擦拭，直至大部分多余渗透剂被清除后，再用蘸有清洗剂的干净不脱毛的布或纸进行擦拭，直至将被检面上多余的渗透剂全部擦净。但必须注意，不得往复擦拭，不得用清洗剂直接在被检面冲洗。

（4）干燥处理。施加快干式显像剂之前或施加湿式显像剂之后，检测面须经干燥处理。一般可用热风进行干燥或进行自然干燥。干燥时，被检面的温度不得大于 50℃。当采用清洗剂清洗时，应自然干燥，不得加热干燥。干燥时间通常为 5~10min。

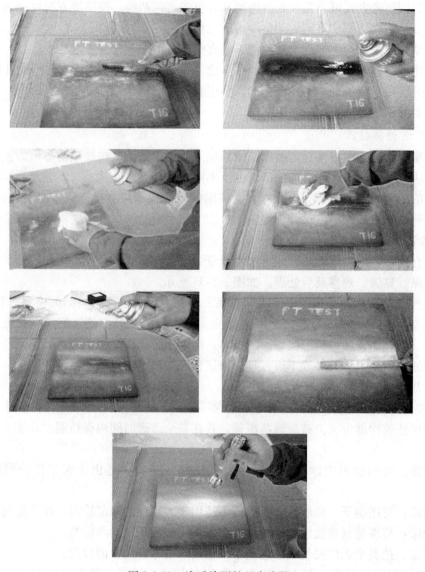

图 3-3-33　渗透检测的基本步骤

（5）施加显像剂。使用干式显像剂时，须先经干燥处理，再用适当方法将显像剂均匀地喷洒在整个被检表面上，并保持一段时间。使用湿式显像剂时，在被检面经过清洗处理后，可直接将显像剂喷洒或涂刷到被检面上，然后进行自然干燥或用低温空气吹干。注意：

1）显像剂在使用前应充分搅拌均匀，显像剂施加应薄而均匀，不可在同一地点反复多次施加。

2）喷施显像剂时，喷嘴离被检面距离为 300 ~ 400mm，喷洒方向与被检面夹角为30° ~ 40°。

3）禁止在被检面上倾倒快干式显像剂，以免冲洗掉缺陷内的渗透剂。

4）显像时间取决于显像剂种类、缺陷大小以及被检工件温度，一般不应少于7min。

（6）观察与评定。

1）观察显示迹痕应在显像剂施加后 7~30min 内进行。如显示迹痕的大小不发生变化，也可超过上述时间。

2）着色渗透检测时，观察应在被检表面可见光照度大于 500lx 的条件下进行。

3）荧光渗透检测时，所用紫外线灯在工件表面的紫外线强度应不低于 $1000\mu W/cm^2$，紫外线波长应在 $0.32~0.40\mu m$ 的范围内。观察前要有 5min 以上时间使眼睛适应暗室。暗室内可见光照度应不大于 20lx。

4）当出现显示迹痕时，必须确定迹痕是真缺陷还是假缺陷。必要时应用 5~10 倍放大镜进行观察或进行复验。

（7）复检。当出现下列情况之一时，需进行复检：

1）检测结束时，用对比试块验证渗透剂已失效；

2）发现检测过程中操作方法有误；

3）供需双方有争议或认为有其他需要时；

4）经返修后的部位。

当决定进行复验时，必须对被检面进行彻底清洗，以去除前次检测时所留下的痕迹。必要时，应用有机溶剂进行浸泡。当确认清洗干净后，按上述的实验操作步骤进行复验。

（8）缺陷的记录。缺陷评定以后，有时需要将缺陷记录下来，记录的方法可用照相机拍照或者画图等。

（9）后处理。检测结束后，对比试块使用后要进行彻底清洗，清除方法可用刷洗、水洗、布或纸擦除等方法，再放入装有丙酮和无水酒精的混合液（混合比为 1:1）的密闭容器中保存，或用其他等效方法保存。

b　显示的解释

（1）显示的解释。渗透检测显示（又称为迹痕、迹痕显示）的解释，是对肉眼所见的着色或荧光显示进行观察和分析，确定产生这些显示产生原因的过程。即通过渗透检测显示的解释，确定出肉眼所见的显示究竟是由缺陷引起的，还是由工件结构等原因所引起的，或仅是由于表面未清洗干净而残留的渗透剂所引起的。渗透检测后，对于观察到的所有显示均应做出解释，对有疑问不能做出明确解释的显示，应擦去显像剂直接观察，或重新显像、检查，必要且可能时，应从预处理开始重新处理。

（2）显示的分类。

1）相关显示。相关显示又称为缺陷迹痕显示、缺陷迹痕或缺陷显示，是指从裂纹、气孔、夹杂、折叠、分层等缺陷中渗出的渗透剂所形成的迹痕显示，它是缺陷存在的标志。

2）非相关显示。

①加工工艺过程中所造成的显示，例如装配压印、铆接印和电阻焊时未焊接的搭接部分等所引起的显示，这类显示在一定范围内是允许存在的，甚至是不可避免的；

②由工件的结构外形等所引起的显示，例如键槽、花键和装配结合的缝隙等引起的显示，这类显示常发生在工件的几何不连续处；

③由工件表面的外观（表面）缺陷引起的显示，包括机械损伤、划伤、刻痕、凹坑、毛刺或松散的氧化皮等，由于这些外观（表面）缺陷经目视检验可以发现，通常不是渗透

检测的对象，故该类显示通常也被视为非相关显示。

非相关显示引起的原因通常可以通过肉眼目视检验来证实，故对其的解释并不困难。通常不将这类显示作为渗透检测质量验收的依据。

3）虚假显示。虚假显示是由于渗透剂污染等所引起的渗透剂显示，往往因不适当的方法或处理产生，或称为操作不当引起。它不是由缺陷引起的，也不是由工件结构或外形等原因所引起的，但有可能被错误地认为由缺陷引起，故也称为伪显示。产生虚假显示的常见原因包括：

①操作者手上的渗透剂污染；

②检测工作台上的渗透剂污染；

③显像剂受到渗透剂的污染；

④清洗时，渗透剂飞溅到干净的工件上；

⑤擦布或棉花纤维上的渗透剂污染；

⑥工件筐、吊具上残存的渗透剂与清洗干净的工件接触造成的污染；

⑦工件上缺陷处渗出的渗透剂污染了邻近的工件等。

渗透检测时，由于工件表面粗糙、焊缝表面凹凸、清洗不足等原因而产生的局部过度背景也属于虚假显示，它容易掩盖相关显示。从显示特征上分析，虚假显示是能够很容易识别的。若用沾湿少量清洗剂的棉布擦拭这类显示，很容易擦掉，且不重新显示。

渗透检测时，应尽量避免引起虚假显示。一般应注意，渗透检测操作者的手应保持干燥，应无渗透剂污染；工件筐、吊具和工作台应始终保持洁净；应使用干净不脱毛的无绒布擦洗工件；荧光渗透时应在黑光灯下清洗等。

c　缺陷评定

缺陷评定是对观察到的渗透相关显示进行分析，确定产生这种显示的原因及其分类过程。

（1）缺陷显示的分类。渗透检测标准等对缺陷迹痕显示进行等级分类时，一般将其分为线状缺陷显示、圆形缺陷显示和分散状缺陷显示等类型。

对于承压类特种设备的渗透检测而言，通常将缺陷迹痕分为线性、圆形、密集形、纵（横）向显示等类型。

1）线性缺陷显示。线性（也称为线状）缺陷显示通常是指长度（L）与宽度（B）之比（L/B）大于3的缺陷显示。裂纹、冷隔或锻造折叠等缺陷通常产生典型的连续线性缺陷显示。

2）圆形缺陷迹痕。圆形缺陷显示通常是指长度（L）与宽度（B）之比（L/B）不大于3的缺陷显示。即除了线性缺陷显示之外的其他缺陷显示，均属于圆形缺陷显示。圆形缺陷显示通常是由工件表面的气孔、针孔、缩孔或疏松等缺陷产生的。较深的表面裂纹在显像时能渗出大量的渗透剂，也可能在缺陷处扩散成圆形缺陷迹痕。小点状显示是由针孔、显微疏松产生的，由于这类缺陷较为细微，深度较小，故显示较弱。

3）密集形缺陷显示。对于在一定区域内存在多个圆形缺陷显示，通常称为密集形缺陷显示。由于采用标准不同，不同类型工件的质量验收等级要求不同，对一定区域的大小规定也不同，缺陷显示大小和数量的规定也不同。

4）纵（横）向缺陷显示。对于轴类、棒类等工件的缺陷显示，当其长轴方向与工件轴线或母线存在一定的夹角（一般为大于等于30°）时，通常按横向缺陷显示处理，其他则可按纵向缺陷显示处理。

（2）缺陷显示的评定。

1）对发现的缺陷痕迹，均应进行定位、定量及定性。

2）按相关标准对痕迹进行分级。

3）对零件质量进行评定。

4 焊接技术培训指导

典型工作任务描述

典型工作任务名称	焊接技术培训指导	适用级别：技师
典型工作任务描述		

　　焊工培训与考核对于提高焊工生产技术水平和保证安全生产具有重要意义。焊接作业属于特种作业，对从事特种作业的人员，必须进行安全教育和安全技术培训，掌握在焊接生产中可能发生的安全事故和危及健康的原因及其消除和预防措施。对焊工进行培训与考核，以保证焊接安全运行和焊接质量，同时提高焊接生产率，降低成本。考核合格方能独立作业。

　　此任务在培训过程中要进行焊接职业道德、焊接基础知识（金属材料与热处理、电工、电子基本知识、识图及结构的放样和下料）特种焊接方法、新型焊接材料、焊接生产管理知识、论文写作知识、技能训练等内容的培训

工作对象： 　（1）特种作业人员安全技术培训考核有关管理办法； 　（2）按照考试规则，进行理论与实操训练、组织考试、考核评价； 　（3）根据相关技术标准，对焊工进行技术培训	工具、材料、设备与材料： 　（1）学习《特种作业人员安全技术培训考核管理办法》； 　（2）学习《锅炉压力容器、压力管道焊工考试规则》； 　（3）学习《国家职业标准》； 　（4）多媒体教学设备。 工作方法： 　（1）小组讨论拟定培训与考核计划与要求； 　（2）个人根据计划要求学做培训讲义； 　（3）小组范围试讲、评议； 　（4）承担厂矿部分培训任务	工作要求： 　（1）熟练使用多媒体教学设备； 　（2）能够根据不同培训内容与要求制定培训与考核计划； 　（3）能够根据培训与考核计划编写培训讲义； 　（4）能够根据讲义的内容和时间设计完成培训内容。 劳动组织方式： 　以合作学习的方式，通过小组的讨论与分析，在教师指导下共同完成学习任务
职业能力要求		

　（1）能对特种作业人员（焊工）进行培训；
　（2）焊接安全生产的主要内容；
　（3）编制培训计划、教案；
　（4）正确选择培训的方式方法；
　（5）能对低级别焊接技术人员进行指导

代表性工作任务		
任务名称	任务描述	工作时间
学习任务 4.1 特种作业人员（焊工）培训与考核	电焊工属于国家安全生产监督局规定的特种作业工种。特种作业人员必须接受与本工种相适应的、专门的安全技术培训、经安全技术理论考核和实际操作技能考核合格，取得特种作业操作证后，方可上岗作业，并需要进行定期复审。未经培训，或培训考核不合格者，不得上岗作业。学员在企业根据岗位及工作环境、焊接产品、各种焊接材料、焊接方法与技术不同，对单位新来成员进行焊接技术相关工作的培训，编写相关基本资料并进行考核	20 学时
学习任务 4.2 中级焊工培训与考核	中级焊工是焊接操作技能人才，也是焊工队伍的中坚力量，其应掌握的焊接技术内容基础且广泛。我国以焊接为主要加工方法的企业广泛分布在锅炉、压力容器、发电设备、核电设施、石油化工、管道、冶金、矿山、铁路、汽车、造船、港口设施、航空航天、建筑、农业机械、水利设施、工程机械、机器制造、医疗器械、精密仪器和电子等行业中。因此，对中级焊工的技术指导应根据学员所在企业岗位及工作环境、焊接产品、焊接材料、焊接方法与技术不同，结合国家职业技能标准进行相关工作的培训，并进行考核	20 学时
学习任务 4.3 高级焊工培训与考核	高级焊工是焊接操作高技能人才，更是焊工队伍中的骨干人员，这就要求这一群体不仅要掌握比较高深的焊接专业理论知识与技能，随着科学技术的进步，技术革新、技术改造、设备更新周期的缩短，更要树立终身学习意识和一定的创新理念。因此，对高级焊工的技术指导应根据学员在企业岗位及工作环境、焊接产品、焊接材料、焊接方法与技术不同，结合国家职业技能标准进行相关工作的培训，并进行考核	20 学时

学习任务 4.1　特种作业人员（焊工）培训与考核

4.1.1　学习目标

（1）明确焊工作为特种作业人员的原因。

（2）阐述特种作业人员管理办法的内容。

（3）叙述特种作业人员（焊工）培训与考核的要求。

（4）参与特种作业人员（焊工）培训与考核过程。

（5）能正确进行培训基本资料的准备。

4.1.2　任务描述

电焊工属于国家安全生产监督局规定的特种作业工种。特种作业人员必须接受与本工种相适应的、专门的安全技术培训、经安全技术理论考核和实际操作技能考核合格，取得特种作业操作证后，方可上岗作业，并需要进行定期复审。未经培训，或培训考核不合格者，不得上岗作业。学员在企业根据岗位及工作环境、焊接产品、各种焊接材料、焊接方法与技术不同，对单位新来成员进行焊接技术相关工作的培训，编写相关基本资料并进行考核。

4.1.3　工作任务

焊接与切割如图 4-1-1 所示。

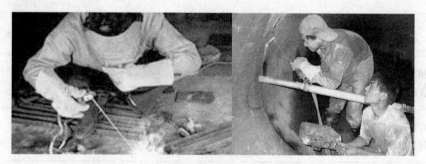

图 4-1-1　焊接与切割

4.1.3.1　准备

（1）为什么金属焊接、切割属于特种作业？

（2）《特种作业人员安全技术培训考核管理办法》主要内容是什么？

4.1.3.2　计划

（1）特种作业人员（焊工）培训内容有哪些方面？

（2）焊接安全生产的主要内容有哪些？

4.1.3.3　决策

（1）编制特种作业人员（焊工）培训计划。

（2）确定特种作业人员（焊工）培训的方式方法。

4.1.3.4 实施

（1）写出特种作业人员（焊工）培训计划、教案编制要点。
（2）请写出你所在岗位的特种作业人员（焊工）培训教案，并进行培训指导。

4.1.3.5 检查

（1）检查你所使用的特种作业人员（焊工）培训基本资料存在的问题，试分析原因。
（2）培训中遇到哪些难题，如何进行克服？

4.1.3.6 评价（70 分）

填写培训质量分析表（表4-1-1）。

表 4-1-1　培训质量分析表

姓名＿＿＿＿＿　　　　　　　　　　　　　　　　　　　　　　　　年　月　日

培训课题		培训质量评定	合格 （　）
			不合格 （　）

培训质量分析

序号	评价内容	分析原因	评价结论
1	相关专业知识技能掌握情况		
2	培训教学相关知识掌握情况		
3	培训基础资料准备完善情况		
4	重点难点的确定及解决效果		
5	培训过程实施中存在的问题		
指导教师评价			

4.1.3.7　题库（30 分）

（1）填空题（每题 1 分，共 10 分）。

1）根据《钢产品牌号表示方法》（GB/T 221—2000）规定，合金结构钢牌号头部用两位阿拉伯数字来表示碳的质量分数的平均值，是以（　　）来计。

2）在电源中点直接接地的低压电网中的用电器，可以把用电器的外壳接在中点上即（　　）。

3）焊接烟尘的来源是由于（　　）在过热条件下产生的过热蒸汽经氧化、冷凝而形成的。

4）焊工穿工作服时一定要把袖子和衣领扣扣好，工作服不应有口袋，并不应（　　）。

5）焊接管理者有责任将焊接、切割可能引起的（　　）以适当的方式通告给实施操作的人员。

6）焊接烟尘是由金属及非金属物质在过热条件产生的（　　）经氧化、冷凝而形成的。

7）在用碱性焊条电弧焊时，在高温下产生的氟化氢主要来自药皮中的（　　）。

8）当环境潮湿，即相对湿度超过（　　）%为触电危险环境。

9）焊接滤光片的遮光编号以可见光透过率的大小决定，可见光透过率越大，编号（　　）。

10）为保护操作者的视力，焊接工作累积（　　）h，一般要更换一次新的保护片。

（2）选择题（每题 1 分，共 10 分）。

1）钢和铸铁都是铁碳合金，碳的质量分数为（　　）的铁碳合金称为钢。

　A 0.77%~2.11%　　　　　　　　　B 0.0218%~2.11%

　C 0.0218%~0.77%　　　　　　　　D 2.11%~4.3%

2）电击是指电流通过人体内部，破坏（　　）及神经系统功能，触电事故基本上是指电击。

　　A 头部　　　　　B 躯干　　　　　C 心脏、肺部　　　D 四肢

3）下列力学性能符号中（　　）表示冲击韧度。

　　A σ_s　　　　　　B α_k　　　　　　C δ　　　　　　D α_b

4）焊接作业是属于容易发生人员伤亡事故以及对周围设施的安全有重大危险的作业，因此我国把焊接、切割定位为（　　）。

　　A 普通作业　　　B 危险作业　　　C 特殊作业　　　D 特种作业

5）在装配图上，焊缝横截面尺寸，应标注在基本符号的（　　）。

　　A 下边　　　　　B 上边　　　　　C 右侧　　　　　D 左侧

6）在整流电路中为了得到比较平滑的直流，必须在整流电路后再加上（　　）。

　　A 滤波电路　　　B 恒流电路　　　C 变频电路　　　　D 分流电路

7）目前制造半导体器件常用的材料多是单晶元素的（　　）。

A 单晶硅　　　　B 碳和锗　　　　C 硅和锗　　　　D 碳和硅

8）根据《给排水管道施工验收规范》（GB 50268—1997）标准规定同一管节允许有两条纵缝，当管径大于或等于 600mm 时，纵向焊缝的间距应大于或等于（　　）。

A 200mm　　　　B 300mm　　　　C 400mm　　　　D 500mm

9）在一定条件下，焊接质量主要取决于焊工的责任心和（　　）。

A 操作技能　　　B 焊接方法　　　C 焊接形式　　　D 个人能力

10）用样板或样杆在待下料的材料上画线称为号料，此工艺用于生产批量（　　）的构件。

A 重要　　　　　B 一般　　　　　C 较小　　　　　D 较大

（3）判断题（每题1分，共10分）。

1）三视图的投影规律是主视图与左视图宽相等。（　　）
2）变压器是利用电磁感应原理工作，无论是压或降压，变压器只能改变电压而不能改变交流电的频率。（　　）
3）电击是指电流通过人体内部，破坏心脏、肺部及神经系统功能，触电事故基本上是指电击。（　　）
4）在燃料容器带压不置换焊补中如遇着火，应立即采取消防措施，在火未熄灭前，应先切断可燃气体的来源，并且降低或消除系统的压力。（　　）
5）焊接弯头最常用的是利用成品钢管成钢板卷管按展开图形斜切后组合成型。（　　）
6）最高反向工作电压是指二极管工作时所能承受的反向电压的峰值。（　　）
7）用样板或样杆在待下料的材料上画线称号料，此工艺用于生产批量小的构件。（　　）
8）两道管对口时，纵向焊缝应放在管道中心线垂线上半圆的45°左右。（　　）
9）从生产消耗来看产品的成本也可以认为是企业生产和销售产品支出费用的总和。（　　）
10）劳动定额有两种，即工时定额和产量定额，两者关系是当工时定额越低则产量定额也越低。（　　）

4.1.4　学习材料

4.1.4.1　准备

A　电焊工是特种作业人员

电焊工属于特种作业人员，因为在金属焊接、氧气切割操作过程中，焊工需要接触各种可燃易爆气体、氧气瓶和其他高压气瓶，需要用电和使用明火，而且有时焊补燃料容器、管道，需要登高或水下作业，或者需要在密闭的金属容器、锅炉、船舱、地沟、管道内工作。因此焊接作业有一定的危险性，易发生火灾、爆炸、触电、高空坠落等灾难性事故。此外，焊接作业容易发生焊工及其他人员伤亡事故，对周围设施有重大危害，可以造成人员与财产的巨大损失。

B　特种作业人员安全技术培训考核管理办法

（1）特种作业人员应当符合下列条件：

1）年满 18 周岁，且不超过国家法定退休年龄。

2）经社区或者县级以上医疗机构体检健康合格，并无妨碍从事相应特种作业的器质性心脏病、癫痫病、美尼尔氏症、眩晕症、癔症、震颤麻痹症、精神病、痴呆症以及其他疾病和生理缺陷。

3）具有初中及以上文化程度。

4）具备必要的安全技术知识与技能。

5）相应特种作业规定的其他条件。

（2）特种作业人员必须持证上岗。特种作业人员必须经专门的安全技术培训并考核合格，取得《中华人民共和国特种作业操作证》（以下简称特种作业操作证）后，方可上岗作业。

特种作业人员应当接受与其所从事的特种作业相应的安全技术理论培训和实际操作培训。已经取得职业高中、技工学校及中专以上学历的毕业生从事与其所学专业相应的特种作业，持学历证明经考核发证机关同意，可以免予相关专业的培训。

（3）对特种作业人员的安全技术培训。具备安全培训条件的生产经营单位应当以自主培训为主，也可以委托具备安全培训条件的机构进行培训。从事特种作业人员安全技术培训的机构，应当制定相应的培训计划、教学安排，并按照安全监管总局、煤矿安监局制定的特种作业人员培训大纲和煤矿特种作业人员培训大纲进行特种作业人员的安全技术培训。

（4）特种作业人员的考核。特种作业人员的考核包括考试和审核两部分。

由考试考核发证机关或其委托的单位负责；审核由考核发证机关负责。安全监管总局制定特种作业人员的考核标准，并建立相应的考试题库。特种作业操作资格考试包括安全技术理论考试和实际操作考试两部分。考试不及格的，允许补考 1 次。经补考仍不及格的，重新参加相应的安全技术培训。

（5）特种作业操作证有效期。特种作业操作证有效期为 6 年，在全国范围内有效。特种作业操作证由安全监管总局统一式样、标准及编号。特种作业操作证每 3 年复审 1 次。特种作业人员在特种作业操作证有效期内，连续从事本工种 10 年以上，严格遵守有关安全生产法律法规的，经原考核发证机关或者从业所在地考核发证机关同意，特种作业操作证的复审时间可以延长至每 6 年 1 次。

4.1.4.2　计划

（1）焊工安全技术理论培训：焊接与切割基础知识，焊接与切割安全用电，焊接和切割防火防爆，焊接与切割安全防护措施。

（2）焊工实际安全操作训练：个人防护用品的佩戴和使用，对焊接与切割设备保护性接零（地）的检查，安全操作焊接与切割及其辅助设备，触电急救，火灾、爆炸事故紧急处理，消防器材的选择和使用，焊接与切割作业现场烟尘、有毒气体、射线等防护操作，焊接与切割作业前后工作场地及周围环境的安全性检查及不安全因素的排除。

（3）焊接安全生产内容。

1）焊接与切割安全用电：焊接与切割作业用电基本知识，焊接与切割设备的安全用电要求，常见焊接与切割操作中发生触电事故的原因及其防范措施，触电急救方法。

2）焊接和切割防火防爆：燃烧与爆炸的基础知识，焊接与切割作业中发生火灾、爆炸事故的原因及其防范措施，火灾、爆炸事故的紧急处理方法，灭火技术。

3）焊接与切割作业劳动卫生与防护：焊接与切割作业中有害因素的来源及其危害，焊接与切割作业劳动卫生防护措施，补焊化工设备作业中的防中毒措施。

4）特殊焊接与切割作业安全技术：化工及燃料容器、管道的焊补安全技术，登高焊接与切割的安全措施，水下焊接与切割作业安全技术。

4.1.4.3　决策

A　培训计划

培训计划是按照一定的逻辑顺序排列的记录，它是从组织的战略出发，在全面、客观的培训需求分析基础上做出的对培训时间、培训地点、培训者、培训对象、培训方式和培训内容等的预先系统设定。培训计划必须满足组织及员工两方面的需求，兼顾组织资源条件及员工素质基础，并充分考虑人才培养的超前性及培训结果的不确定性。

B　特种作业人员（焊工）培训适合的方式方法

（1）讲授法：属于传统模式的培训方式，指培训师通过语言表达，系统地向受训者传授知识，期望这些受训者能记住其中的重要观念与特定知识。

（2）工作指导法或训练/实习法：这种方法是由一位有经验的技术能手或直接主管人员在工作岗位上对受训者进行培训，如果是单个的一对一的现场个别培训则是企业常用的师带徒培训。负责指导的教练的任务是教给受训者如何做，提出如何做好的建议，并对受训者进行鼓励。

这种方法并一定要有详细、完整的教学计划，但应注意培训的要点：第一，关键工作环节的要求；第二，做好工作的原则和技巧；第三，须避免、防止的问题和错误。这种方法应用广泛，可用于基层生产工人。

4.1.4.4　实施

A　培训教案

（1）什么是教案。教案是培训人员为顺利而有效地开展教学活动，根据教学大纲和教材要求及学生的实际情况，以课时或课题为单位，对教学内容、教学步骤、教学方法等进行的具体设计和安排的一种实用性教学文书。教案通常又称为教学设计，包括教材简析和学生分析、教学目的、重难点、教学准备、教学过程及练习设计等。

（2）教案的内容。教案中对每个课题或每个课时的教学内容、教学步骤的安排、教学方法的选择、板书设计、教具或现代化教学手段的应用、各个教学步骤教学环节的时间分配等，都要经过周密考虑，精心设计而确定下来，体现着很强的计划性。

B　教案书写的关键

（1）教学目标：说明本课所要完成的教学任务。

（2）教学重难点：说明本课所必须解决的关键性问题和学习时易产生困难和障碍的知识传授与能力培养点。

（3）教学过程设计。

1）导入新课：

①温故而知新，提问复习上节内容；

②设计新颖活泼，精当概括；

③怎样进行，复习哪些内容；

④提问哪些学生，需用多少时间等。

2）讲授新课：

①针对不同教学内容，选择不同的教学方法；

②怎样提出问题，如何逐步启发、诱导；

③教师怎么教，学生怎么学，详细步骤安排，需用时间。

3）巩固练习：

①练习设计精巧，有层次、有坡度、有密度；

②怎样进行，谁上黑板板演；

③需要多少时间。

4）归纳小结：

①怎样进行，是教师还是学生归纳；

②需用多少时间。

5）作业布置：

①布置哪些作业内容，要考虑到课本知识巩固积累和运用，兼顾知识的拓展性和学生运用语言能力的培养；

②教师要注意：需不需要给学生以解题提示、点拨或必要的解释。

4.1.4.5 检查

A 培训计划应符合的原则

原则一：培训计划必须首先从公司经营出发，"好看"更要"有用"。

原则二：更多的人参与，将获得更多的支持。

原则三：培训计划的制定必须要进行培训需求调查。

原则四：在计划制定过程中，应考虑设计不同的学习方式来适应员工的需要和个体差异。

原则五：尽可能多地得到公司最高管理层和各部门主管承诺及足够的资源支持各项具体培训计划，尤其是学员培训时间上的承诺。

原则六：提高培训效率要采取一些积极性的措施。

原则七：注重培训细节。

原则八：注重培训内容。

原则九：注重培训实效性。

B 教学过程可能存在变化

由于教学面对的是一个个活生生的有思维能力的学生，又由于每个人的思维能力不同，对问题的理解程度不同，常常会提出不同的问题和看法，教师又不可能事先都估计到。在这种情况下，教学进程常常有可能离开教案所预想的情况，因此教师不能死扣教案，把学生的思维的积极性压下去。要根据学生的实际改变原先的教学计划和方法，满腔热忱地启发学生的思维，针对疑点积极引导。为达到此目的，教师在备课时，应充分估计学生在学习时可能提出的问题，确定好重点、难点、疑点和关键。学生能在什么地方出现问题，大都会出现什么问题，怎样引导，要考虑几种教学方案。出现打乱教案现象，也不要紧张。要因势利导，耐心细致地培养学生的进取精神。因为事实上，一个单元或一节课的教学目标是在教学的一定过程中逐步完成的，一旦出现偏离教学目标或教学计划的现象也不要紧张，这可以在整个教学进度中去调整。

4.1.4.6　评价

参照"工作页"执行。

学习任务4.2　中级焊工培训与考核

4.2.1　学习目标

（1）明确中级焊工职业技能标准。
（2）阐述中级焊工培训内容。
（3）叙述中级焊工培训与考核的要求。
（4）参与中级焊工培训与考核过程。
（5）能正确进行培训与考核基本资料的准备及实施。

4.2.2　任务描述

中级焊工是焊接操作技能人才，也是焊工队伍的中坚力量，其应掌握的焊接技术内容基础且广泛。我国以焊接为主要加工方法的企业广泛分布在锅炉、压力容器、发电设备、核电设施、石油化工、管道、冶金、矿山、铁路、汽车、造船、港口设施、航空航天、建筑、农业机械、水利设施、工程机械、机器制造、医疗器械、精密仪器和电子等行业中。因此，对中级焊工的技术指导应根据学员在企业岗位及工作环境、焊接产品、焊接材料、焊接方法与技术不同，结合国家职业技能标准进行相关工作的培训，并进行考核。

4.2.3　工作任务

4.2.3.1　准备

（1）中级职业技能培训的意义是什么？
（2）中级焊工应掌握的专业知识技能要点有哪些？

4.2.3.2　计划

（1）中级焊工理论知识培训的主要内容有哪些？

（2）中级焊工技能操作训练的主要内容有哪些？

4.2.3.3　决策

（1）如何编制中级焊工培训大纲与计划？
（2）你认为哪些方式方法更适合焊工中级的培训？

4.2.3.4　实施

（1）请写出你所在岗位的中级焊工培训的教案，并参与实施培训。
（2）你在培训教学过程中是否应用了课件，制作要点有哪些？

4.2.3.5　检查

（1）检查你所使用的中级焊工培训基本资料存在的问题，试分析原因。
（2）培训中发生了哪些事先未预料的事情，能很好地处理吗？

4.2.3.6　评价（70 分）

填写培训质量分析表（表 4-2-1）。

表 4-2-1　培训质量分析表

姓名_____　　　　　　　　　　　　　　　　　　　　　　年　月　日

培训课题		培训质量评定	合格（　）
			不合格（　）

培训质量分析

序号	评价内容	分析原因	评价结论
1	相关专业知识技能掌握情况		
2	培训教学相关知识掌握情况		
3	培训基础资料准备完善情况		
4	重点难点的确定及解决效果		
5	培训过程实施中存在的问题		
指导教师评价			

4.2.3.7　题库（30 分）

（1）填空题（每题 1 分，共 10 分）。

1）渗碳体是铁和碳的（　　），分子式为 Fe_3C，其性能硬而脆。

2）奥氏体是碳和其他合金元素在 $\gamma\text{-Fe}$ 中的（　　），它的一个特点是没有磁性。

3）将亚共析钢加热到 A_3 以上 30~70℃，在此温度下保持一定时间，然后快速冷却，使奥氏体来不及分解和合金元素来不及扩散而形成马氏体组织，称为（　　）。

4）将钢加热到 A_3 以上或 A_1 左右一定温度，保温后缓冷（　　）而均匀冷却的热处理方法称为退火，它可以（　　）。

5）根据《钢产品牌号表示方法》（GB/T 221—2000 规定），合金结构钢中，合金元素质量分数的平均值为（　　）时，在合金元素符号后应写成 2。

6）全电路欧姆定律是指在全电路中，电流 I 与电源的（　　）成正比，与整个电路的电阻成反比。

7）焊缝符号一般由基本符号与指引线组成，必要时还可加上（　　）、补充符号和焊缝尺寸符号。

8）常用热处理方法根据加热、冷却方法的不同可分为退火、（　　）、淬火、回火。

9）常用金属材料的力学性能有强度、塑性、硬度、韧性及（　　）等。

10）焊接烟尘主要成分有金属氧化物、（　　）微粒。

（2）选择题（每题 1 分，共 10 分）。

1）珠光体耐热钢是以铬钼为基础的具有高温强度和抗氧化性的（　　）。
　　A　优质碳素结构钢　　　B　高合金钢　　　　　C　中合金钢　　　　　D　低合金钢

2）凡方向不随时间变化的电流就是直流电流，直流电流用字母（　　）表示。
　　A I　　　　　　　　　B I_m　　　　　　　　　C Q　　　　　　　　　D R

3）钙的元素符号是（　　）。
　　A　Cr　　　　　　　　B　Ca　　　　　　　　　C　C　　　　　　　　　D　Cu

4）对于水下或其他由于触电导致严重二次事故的环境，国际电工标准会规定安全电压为（　　）。
　　A　24V 以下　　　　　B　12V 以下　　　　　C　6V 以下　　　　　D　2.5V 以下

5）施焊前，焊工应对设备进行安全检查，但（　　）不是施焊前设备安全检查的内容。
　　A　机壳保护接地或接零是否可靠　　　　　B　电焊机一次电源线的绝缘是否完好
　　C　焊接电缆的绝缘是否完好　　　　　　　D　电焊机内部灰尘多不多

6）使用行灯照明时，其电压不应超过（　　）V。
　　A　6　　　　　　　　　B　12　　　　　　　　　C　24　　　　　　　　　D　36

7）水平固定管对接组装时，按规范和焊工技艺确定组对间隙，而且一般应（　　）。
　　A　上大下小　　　　　B　上小下大　　　　　C　上下一样　　　　　D　左大右小

8）管件对接的定位焊缝长度一般为 10~15mm，厚度一般为（　　）mm。

A 1　　　　　　　　　B 2~3　　　　　　C 4　　　　　　　D 5

9）采用碱性焊条，焊前应在坡口及两侧各（　　　）mm 范围内，将锈、水、油污等清理干净。

A 15~20　　　　　　B 25~30　　　　　C 35~40　　　　　D 45~60

10）（　　　）是一种自动埋弧焊常用的引弧方法。

A 高频高压引弧法　　　　　　　　　B 高压脉冲引弧法

C 不接触引弧法　　　　　　　　　　D 尖焊丝引弧法

（3）判断题（每题1分，共10分）。

1）在生产中焊工对焊工工艺文件可根据实际情况灵活执行。（　　　）

2）在机械制图中，物体的正面投影称为俯视图。（　　　）

3）在910℃以下的面心立方晶格的铁称为 γ-Fe。（　　　）

4）材料在外力作用下抵抗永久变形和断裂的能力称为强度。（　　　）

5）对电源中性点直接接地的低压电网中的用电器，可以把用电器的外壳接在中性上，称为保护接地。（　　　）

6）变压器是利用电磁感应原理工作，无论是升压或降压，变压器只能改变交流电的电压，而不能改变交流电的频率。（　　　）

7）由湿木板、钢筋混凝土、沥青、瓷砖、金属等材料铺设的地面也属于触电的危险环境。（　　　）

8）施焊前，焊工应对面罩进行安全检查，主要是耐腐蚀性能、隔热能力、反光性能和防毒性能等。（　　　）

9）黏结剂不是焊条药皮的组成物。（　　　）

10）氩弧焊要求氩气纯度应达到99.9%。（　　　）

4.2.4　学习材料

4.2.4.1　准备

A　中级职业技能培训的意义

由于企业生产的需要，需要焊工取得相应的技术资格，目前国内开设焊接专业的技工学校，大都实行学历教育与职业资格教育相结合的方式，毕业后除了可相应取得相当于学历证书外，经过职业技能考试合格，还可取得相应的职业技能资格证书。中级职业技能鉴定培训与考核鉴定以职业技能鉴定为目的，经过相关培训具备相应的技术技能水平后获得中级焊工职业资格。

B　中级焊工专业知识技能要点

（1）焊接材料：电焊条、焊丝、焊剂、钨极与保护气体等。

（2）焊接设备：CO_2 焊接、钨极氩弧焊、埋弧焊等焊接设备原理与使用。

（3）焊接操作知识与技能：焊条电弧焊、CO_2 焊接、钨极氩弧焊、埋弧焊等焊接操作工艺。

（4）焊接接头的组织与性能、焊接应力与变形、常用金属材料的焊接及焊接常见缺陷与检验等。

4.2.4.2 计划

A 中级焊工理论知识主要内容

（1）基础理论知识：识图知识；金属学及热处理基本知识；常用金属材料的一般知识；焊接与切割工艺、设备基础知识；焊工电工基础知识等。

（2）专业技术理论知识：焊接电弧及焊接冶金知识；常用金属材料焊接知识；常用焊接方法与工艺知识；常用焊接材料知识；焊接设备选择及使用知识；焊接接头及焊缝形式知识；焊接接头的组织与性能；焊接应力与变形知识；常用金属材料的焊接知识；焊接常见缺陷与检验。

B 中级焊工技能训练的主要内容

（1）低碳钢焊条电弧焊板-板、管-管各种位置单面焊双面成型。

（2）低碳钢焊条电弧焊板-管插入式垂直与水平固定焊接。

（3）CO_2 焊接、钨极氩弧焊、埋弧焊等焊接方法的基本操作工艺。

4.2.4.3 决策

A 培训大纲的内容

指导思想和目标、培训对象；培训要求；培训内容包括：基础知识、专业知识与技能；典型案例等。

B 中级焊工培训的方式方法

（1）讲授法：属于传统模式的培训方式，指培训师通过语言表达，系统地向受训者传授知识，期望这些受训者能记住其中的重要观念与特定知识。

（2）工作轮换法：这是一种在职培训的方法，指让受训者在预定的时期内变换工作岗位，使其获得不同岗位的工作经验，一般主要用于新进员工。现在很多企业采用工作轮换则是为培养新进入企业的年轻管理人员或有管理潜力的未来的管理人员。

（3）工作指导法或教练/实习法：这种方法是由一位有经验的技术能手或直接主管人员在工作岗位上对受训者进行培训，如果是单个的一对一的现场个别培训则是企业常用的师带徒培训。负责指导的教练的任务是教给受训者如何做，提出如何做好的建议，并对受训者进行鼓励。

这种方法并一定要有详细、完整的教学计划，但应注意培训的要点：第一，关键工作环节的要求；第二，做好工作的原则和技巧；第三，须避免、防止的问题和错误。这种方法应用广泛，可用于基层生产工人。

（4）研讨法：按照费用与操作的复杂程序又可分成一般研讨会与小组讨论两种方式。研讨会多以专题演讲为主，中途或会后允许学员与演讲者进行交流沟通，一般费用较高。而小组讨论法则费用较低。研讨法培训的目的是为了提高能力，培养意识，交流。

（5）视听技术法：就是利用现代视听技术（如投影仪、录像、电视、电影、电脑等工具）对员工进行培训。

（6）案例研究法：指为参加培训的学员提供员工或组织如何处理棘手问题的书面描

述，让学员分析和评价案例，提出解决问题的建议和方案的培训方法。案例研究法为美国哈佛管理学院所推出，目前广泛应用于企业管理人员（特别是中层管理人员）的培训。目的是训练他们具有良好的决策能力，帮助他们学习如何在紧急状况下处理各类事件。

（7）角色扮演法：指在一个模拟的工作环境中，指定参加者扮演某种角色，借助角色的演练来理解角色的内容，模拟性地处理工作事务，从而提高处理各种问题的能力。这种方法比较适用于训练态度仪容和言谈举止等人际关系技能。比如询问、电话应对、销售技术、业务会谈等基本技能的学习和提高。适用于新员工、岗位轮换和职位晋升的员工，主要目的是为了尽快适应新岗位和新环境。

（8）企业内部电脑网络培训法：这是一种新型的计算机网络信息培训方式，主要是指企业通过内部网，将文字、图片及影音文件等培训资料放在网上，形成一个网上资料馆，网上课堂供员工进行课程的学习。这种方式由于具有信息量大，新知识、新观念传递优势明显，更适合成人学习。因此，特别为实力雄厚的企业所青睐，也是培训发展的一个必然趋势。

以上各种培训方法，可按需要选用一种或若干种并用或交叉应用。由于企业人员结构复杂、要求各不相同，培训必然是多层次、多内容、多形式与多方法的。这种特点要求在制定培训计划时，就必须真正做到因需施教、因材施教、注重实效。

4.2.4.4　实施

课件的利用：

（1）课件的概念。课件是根据教学大纲的要求，经过教学目标确定，教学内容和任务分析，教学活动结构及界面设计等环节，而加以制作的课程软件。它与课程内容有着直接联系。

（2）课件的要求。课件的长度：多媒体课件的内容可多可少、一个大的多媒体课件可以包括一门完整的课程内容，可运行几十课时；小的只运行 $10\sim30min$，也可能更少时间。

多媒体课件是根据教学大纲的要求和教学的需要，经过严格的教学设计，并以多种媒体的表现方式和超文本结构制作而成的课程软件。当然也可以将它们整合到一起，实现更多的功能。

4.2.4.5　检查：课件质量：

比起课堂，一个课件想要留住学习者更难。所以，好的电子课件，首先需要解决的一个问题是：吸引人——让学员愿意去使用这个课件。而若想吸引人则有很多种途径：

（1）界面风格，可以结合学员的审美需求给予特别的风格设计，如女性喜欢柔和、可爱一些的风格，年轻人喜欢活泼的风格，而年长的男性和领导管理层更喜欢客观化的商务元素，这些在设计中都是应该要考虑的，但界面毕竟是界面，如果不能做到出彩，那么就别做的出格，不要喧宾夺主，服务于主题表达，合适即可。

（2）媒体效果，很炫的媒体效果除了能抓住眼球外也是技术实力的一种体现。但合适即可，主题是学习，不是其他。

（3）语言设计。关于语言的设计应该至少考虑两方面：第一是语言亲切，让学员易读；第二是巧妙设置问题和悬念，抓住用户的心。

（4）内容设计。内容贴合主题、实用且有分量，这是最为关键的。课件的成败很大程度上就看这一条了。而对于内容的设计，下面也有一些看法。首选主动探究，主动学习的效果远远比被动灌输好很多，在电子课件中，如果一些内容学员通过自己的思考就能弄懂的就不要设计为讲解型的，而设计成自主探索型的题目，如果学员答对了，对于自己的学习自信心也是非常有帮助的。另外不妨设计多一些交互，让学员抬起手来通过鼠标的点击去推动学习的进展，而不仅仅是"听"录音，"看"动画。其次要让学员在学习的过程中产生自信心，没有人愿意去接触总让自己有挫败感的东西。通过设计一些测试、探索题目等让学员在学习过程中逐渐建立起自信，或者是给一些及时的激励，让他感觉到"只要我稍一用心，我就能够搞定"，从而激发他愿意继续学习的兴趣。再就是满足感，这是最高层次的情感需求了。学习本是一个收获的过程，尽管电子课件可能没有评分和考试，但由于学员都是成年人，自我感知也较为成熟，如果他觉得自己学到了东西，那么就会产生收获的喜悦，同时也会对这个课件给予好评。

4.2.4.6　评价：

参照"工作页"执行。

学习任务 4.3　高级焊工培训与考核

4.3.1　学习目标

（1）明确高级焊工职业技能标准。
（2）阐述高级焊工培训内容。
（3）叙述高级焊工培训与考核的要求。
（4）参与高级焊工培训与考核过程。
（5）能正确进行培训基本资料的准备并实施。

4.3.2　任务描述

高级焊工是焊接操作高技能人才，更是焊工队伍中的骨干人员，这就要求这一群体不仅要掌握比较高深的焊接专业理论知识与技能，随着科学技术的进步，技术革新、技术改造、设备更新周期的缩短，更要树立终身学习意识和一定的创新理念。因此，对高级焊工的技术指导应根据学员在企业岗位及工作环境、焊接产品、焊接材料、焊接方法与技术不同，结合国家职业技能标准进行相关工作的培训，并进行考核。

4.3.3　工作任务

4.3.3.1　准备

（1）高级焊工职业技能培训的方法与目的有哪些？
（2）焊接专业高技能人才如何进行岗位创新？

4.3.3.2　计划

（1）高级焊工理论知识培训的主要内容有哪些？

（2）高级焊工实际操作训练的主要内容有哪些？

4.3.3.3　决策

（1）编制高级焊工培训大纲与计划。
（2）确定对焊接高级工进行培训的类型和方案。

4.3.3.4　实施

（1）请写出你所在岗位的高级焊工培训的教案（或课件），并参与实施培训。
（2）根据锅炉压力容器焊工考试的方法和内容进行培训。

4.3.3.5　检查

（1）检查你所使用的高级焊工培训基本资料存在的问题，试分析原因。
（2）找出高级焊工进行培训过程中的重点和难点，你是如何抓住重点突破难点的？

4.3.3.6　评价（70分）

填写培训质量分析表（表 4-3-1）。

表 4-3-1　培训质量分析表

姓名＿＿＿＿＿＿　　　　　　　　　　　　　　　　　　　　　年　月　日

培训课题		培训质量评定	合格　（　　）
			不合格　（　　）

培训质量分析

序号	评价内容	分析原因	评价结论
1	相关专业知识技能掌握情况		
2	培训教学相关知识掌握情况		
3	培训基础资料准备完善情况		
4	重点难点的确定及解决效果		
5	培训过程实施中存在的问题		
指导教师评价			

4.3.3.7   题库（30 分）

（1）填空题（每题 1 分，共 10 分）。

1）氩弧焊机供气系统没有（   ）。

2）氩气瓶瓶体漆成（   ）色并标有深绿色"氩"字。

3）厚度 12mm 钢板对接，焊条电弧焊立焊，单面焊双面成型时，预置反变形量一般为（   ）。

4）与焊条电弧焊相比，（   ）不是自动埋弧焊的优点。

5）与焊条电弧焊相比，（   ）不是自动埋弧焊的缺点。

6）固溶体是合金中一种物质均匀地溶解在另一种物质内形成的（   ）结构。

7）碳钢过热晶粒长大后，很容易形成一种粗大的过热组织，称为（   ）。

8）在 1148℃时从液相中同时结晶出来的奥氏体和渗碳体的混合物称（   ）。

9）对于焊接结构，经正火后，能改善焊接接头性能，消除（   ）及组织不均匀等。

10）凡是 $\sigma_s \geqslant$（   ）MPa 的强度用钢均可称为高强度钢。

（2）选择题（每题 1 分，共 10 分）。

1）（   ）不是埋弧自动焊最主要的工艺参数。
   A 焊接电流   B 电弧电压   C 焊丝熔化速度   D 焊接速度

2）过低的焊接速度会产生（   ）等缺陷。
   A 未焊透   B 咬边   C 气孔   D 烧穿

3）埋弧自动焊时焊剂堆积高度一般在（   ）范围比较合适。
   A 2.5~3.5cm   B 6.5~7.5cm   C 2.5~3.5mm   D 4.5~5.5mm

4）埋弧自动焊对于厚度（   ）mm 以下的板材，可以不开坡口（采用 I 形坡口），只需采用双面焊接，背面不用清根，也能达到全焊透的要求。
   A 30   B 24   C 18   D 12

5）板材对接要求全焊透，采用 I 形坡口埋弧自动焊双面焊，要求后焊的正面焊道的熔深（焊道厚度）达到板厚的（   ）。
   A 30%~40%   B 40%~50%   C 50%~60%   D 60%~70%

6）埋弧自动焊应注意选用容量恰当的（   ），以满足通常为 100% 的满负载持续率的工作需求。
   A 焊接电缆   B 一次电源线   C 焊接小车   D 弧焊电源

7）易燃物品距离钨极氩弧焊场所不得小于（   ）m。
   A 5   B 13   C 15   D 20

8）CO_2 气体保护焊有一些不足之处，但（   ）不是 CO_2 焊的缺点。
   A 飞溅较大，焊缝表面成型较差   B 设备比较复杂，维修工作量大
   C 焊缝抗裂性能较差   D 氧化性强，不能焊易氧化的有色金属

9）目前，（   ）能采用 CO_2 气体保护焊进行焊接。
   A 1Cr18Ni9Ti   B 1Cr13   C 16Mn   D 0Cr25Ni20

10)（　　）不是 CO_2 焊氮气孔的产生原因。

　A　喷嘴被飞溅物堵塞　　　　　　　B　喷嘴与工件距离过大

　C　CO_2 气体流量过小　　　　　　　D　焊丝表面有油污未清除

（3）判断题（每题1分，共10分）。

1）了解机器或部件的名称、作用、工作原理是读装配图的目的之一。（　　）

2）在一段无源电路中，电流的大小与电压成反比，而与电阻值成正比，这就是部分电路欧姆定律。（　　）

3）在各种熔化焊过程中，焊接区都会产生或多或少的有害气体，主要有臭氧、氮氧化物，二氧化碳、氟化物等。（　　）

4）燃料容器焊补前要严格采用空气介质置换方法，将容器内部的可燃物质和有毒物质置换排除，使可燃物质在爆炸下限以下。（　　）

5）最大整流电流是指晶体二极管在长时间工作时，允许通过的最大正向平均电流。（　　）

6）镍及镍合金用不同系列数字进行分组，第一位数字是偶数的合金属于可沉淀强化的合金。（　　）

7）焊接结构生产的核心就是确定焊接结构的生产工艺过程。焊接胎夹具设计、设备选用及其质量控制都是以此为依据。（　　）

8）对定位器的技术要求是耐磨、有足够的强度以及制造和安装精度。（　　）

9）焊接结构质量验收的依据是施工图样、技术标准、检验文件和订货合同等。（　　）

10）管道上若需要开孔时，孔的形状可以是圆形或方形。（　　）

4.3.4　学习材料

4.3.4.1　准备

A　高级焊工职业技能培训目的

高技能人才不仅是企业产品质量的保障，也是整个国家产业升级的保障。企业一线的高级技工和技师、高级技师严重短缺。企业更要充分利用高级技能人才，充分发挥他们在生产第一线的骨干带头作用。因此，培训、鉴定高技能人才，其目的是充分发挥高技能人才在经济建设中的作用。

倡导和鼓励各类企业充分发挥高级工、技师、高级技师在生产第一线中的技术骨干作用、质量保障作用、科技转化作用、技术文化的传播作用、劳动成果的创造作用，从而达到提高产品质量，实现高技能人才社会地位的提高，从而引导广大工人敬业乐业，勤学苦练业务技术，形成有利于高技术、高技能人才成长的良好氛围。

B　高级焊工职业技能培训方法

根据终身教育思想，那种一次性地进行职业培训的模式将不复存在，取而代之的是一个人一生中将多次接受职业教育，这才符合高技能人才成长的规律。因此，为了适应高技能人才的社会需求，职业培训的方式会越来越多样化、个性化，可以针对某个人的需要制定培训方案实施培训，就像定制衣服一样，度身定制。可以通过网络进行远程教学；可以半工半读，利用节假日、双休日、夜校，既不耽误工作又可完成课业；还可以采取脱产一段时间专门学习。高等级职业院校可为学员建立终身学习档案，实施学分制，完成相应学分发给相应证书，参加相应等级的职业技能鉴定。

C　高技能人才的岗位创新

岗位创新是指在企业生产经营活动中，广大职工立足于本岗位，通过模仿、引进、独创、改进等方式，在生产、管理、服务等方面形成的，具有新颖性、独创性和效益性等的制度、措施、方法、工艺、技术等。

创新思维是指以新颖独创的方法解决问题的思维过程，通过这种思维能突破常规思维的界限，以超常规甚至反常规的方法、视角去思考问题，提出与众不同的解决方案，从而产生新颖的、独到的、有社会意义的思维成果。

产品创新：就是生产一种新的产品，要采取一种新的生产方法。工艺创新：又称过程创新，是指产品生产技术的重大变革，它包括新工艺、新设备及新的管理和组织方法。工艺创新和产品创新都是为了提高企业的社会经济效益，但二者途径不同，方式也不一样。产品创新侧重于活动的结果，而工艺创新侧重于活动的过程；产品创新的成果主要体现在物质形态的产品上，而工艺创新的成果既可以渗透于劳动者、劳动资料和劳动对象之中，还可以渗透在各种生产力要素的结合方式上；产品创新的生产者主要是为用户提供新产品，而工艺创新的生产者也是创新的使用者。工艺创新指企业通过研究和运用新的生产技术、操作程序、方式方法和规则体系等，提高企业的生产技术水平、产品质量和生产效率的活动。企业工艺创新的过程大体上可分为工艺研发阶段和由研发环节转移或导入制造环节的工艺创新两个阶段。

4.3.4.2　计划

A　高级焊工理论知识的主要内容

（1）基础理论知识：识图知识；金属学及热处理基本知识；常用金属材料的一般知识；焊接与切割工艺设备基础；焊工电工基础知识等。

（2）专业技术理论知识：焊接电弧及焊接冶金知识；常用金属材料焊接知识；常用焊接方法与工艺知识；常用焊接材料知识；焊接设备选择及使用知识；焊接接头及焊缝形式知识；能正确选用和使用铸铁、有色金属的焊条、焊丝和焊剂；焊接力学性能知识；焊接接头试验；焊接缺陷分析与检验。

B　高级焊工技能训练的主要内容

（1）高合金钢平板对接仰焊；

（2）管对接水平固定位置；

（3）骑座式管板的仰焊位置；

（4）小直径垂直固定和水平固定加障碍；

（5）45°倾斜固定位置的单面焊双面成型；

（6）能进行铸铁、有色金属的焊接基本操作；

（7）异种金属的焊接技术；

（8）典型容器和结构的焊接技术。

4.3.4.3　决策

A　培训类型

根据培训的内容不同，可以将不同培训项目归纳为不同的培训类型，这样更有利于对培训进行统一安排和管理，节约企业资源。公司内部老师的内部培训、公司外部老师的内部培训、参加外部企业举行的公开培训等等。企业培训常见的 5 个类型：

（1）应岗培训，目的是为了让员工达到上岗的要求。

（2）提高培训，提升岗位业绩。

（3）发展培训，对员工进行职业生涯规划方面的培训。

（4）人文培训，讲人文，讲音乐，亲子教育，讲服装搭配等。

（5）拓展培训，这是一种户外体验式培训。

"企业培训"的本质是帮助员工完善人格，帮助员工健康成长是企业的使命，是企业对社会和国家的一种责任，应该树立大的培训观，就是既"教授技能"，又"培育人才"，促进每一名员工主动实现"全面素质"和"个性特长"的和谐发展。成为真正意义上的一个完善的人，一个对国家对社会有用的人。

B　培训方式的选择

对于不同的培训项目，可以采取不同的培训方式。大体而言，可以将培训方式分为以下几类：讲授法、演示法、研讨法、视听法、角色扮演法、案例研究法、模拟与游戏法等。各种教育培训的方法具有各自的优缺点，为了提高培训质量，往往需要将各种方法配合运用。

C　培训方案的制定

培训方案是进行培训工作的具体计划或规划。包括培训的指导思想和基本原则、培训的目标、培训的内容和形式、培训的组织和管理等。

4.3.4.4　实施

A　教案编写依据

编写教案要依据教学大纲和教科书。从学生实际情况出发，精心设计。明确地制订教学目的，具体规定传授基础知识、培养基本技能、发展能力以及思想政治教育的任务，合理地组织教材，突出重点，解决难点，便于学生理解并掌握系统的知识。恰当地选择和运用教学方法，调动学生学习的积极性，面向大多数学生，同时注意培养优秀生和提高后进生，使全体学生都得到发展。

编写教案的繁简，一般是有经验的教师写得简略些，而新教师写得详细些。平行班用的同一课题的教案设计，根据上课班级学生的实际差异宜有所区别，原定教案，在上课进程中可根据具体情况做适当的必要的调整，课后随时记录教学效果，进行简要的自我分析，有助于积累教学经验，不断提高教学质量。

在实际教学活动中，教案起着十分重要的作用。编写教案有利于教师弄通教材内容，准确把握教材的重点与难点，进而选择科学、恰当的教学方法，有利于教师科学、合理地支配课堂时间，更好地组织教学活动，提高教学质量，收到预期的教学效果。

实际上教案是教师的教学设计和设想。

B　锅炉压力容器焊工考试的方法和内容

a　参加锅炉压力容器焊工考试的基本要求

凡锅炉压力容器的制造、安装、修理单位中，具有初中或初中以上文化程度或同等学力，身体健康，能独立担任焊接工作的焊工，均可以向焊工考试委员会提出考试申请。从事手工电弧焊、气焊、钨极氩弧焊、熔化极气体保护焊、自动埋弧焊的焊工，必须按本规则经基本知识和操作技能考试合格后，才准许担任下列钢制受压元件的焊接工作：所有固定式承压锅炉的受压元件，最高工作压力大于或等于 $0.1MPa(1kgf/cm^2)$ （不包括液体静压力）的压力容器的受压元件。焊工操作技能考试应在考试单位所做的焊接工艺评定合格之后进行。考试用的钢材、焊接材料、焊接设备和检测设备应符合有关技术标准的要求，测量仪表应经检定合格。

b　基本知识考试的范围

焊接安全技术；锅炉和压力容器的特殊性和分类；钢材的钢号、分类、化学成分、力学性能和焊接特点；焊接材料（焊条、焊丝、焊剂和气体等）的牌号（名称）、类型、使用和保管；焊接设备、用具和测量仪表的名称、种类、使用和维护；常用焊接方法的特点，焊接工艺参数、焊接顺序、操作方法及其对焊接质量的影响；焊接缺陷的产生原因、危害、预防方法、控制标准和检测方法、返修；焊接接头的性能及其影响因素；焊接应力和变形的产生原因和防止方法；接头形式、焊缝代号、图样识别。

c　操作技能的考试项目

操作技能的考试项目可由焊接方法、母材钢号类别、试件类别、焊接材料四部分组成，每个部分的分类如下：

（1）焊接方法。对于组合焊接方法。一名焊工可以采取每种焊接方法分别焊试件进行考试，也可以采用组合焊接方法焊一个试件进行考试。用后一种办法考单面焊试件合格后，打底焊道或自动焊的其余焊道所用的焊接方法也可单独有效，但手工焊或半自动焊的其余焊道所用的焊接方法不单独有效。用后一种办法考双面焊试件合格后，仅自动焊的焊接方法可单独有效，而手工焊或半自动焊的焊接方法不单独有效。组合焊接方法的分类号可用其每种焊接方法的分类号并列表示。例如，手工钨极氩弧焊打底，其余手工电弧焊的分类号为"WS /D"。

（2）母材钢号类别。

（3）试件类别。在相应的试件厚度范围内，加障碍物的管状试件考试合格后，可免考不加障碍物的同样位置的管状试件；水平固定的管状试件考试合格后，可免考水平转动的管状试件；垂直固定的管状试件考试合格后，可免考横焊的板状试件。但板状试件考试合格后，不能免去管状试件的考试。

加障碍物的水平固定和垂直固定的管状试件都考试合格后，可以焊接加障碍物或不加障碍物的各种位置的管子对接接头。不加障碍物的水平固定和垂直固定的管状试件都考试合格后，可以焊接不加障碍物的各种位置的管子对接接头。

骑座式管板试件考试合格后，可免考相同焊接位置的插入式管板试件。在重新考试时，仰焊的板状试件考试合格后，可免考平焊的板状试件。平焊、立焊和仰焊的板状试件均考合格的焊工，在重新考试时，水平固定的管状试件考合格后，可免考相应厚度范围内的平焊、立焊和仰焊的板状试件。但是，板状试件考试合格后，不能免去管状试件的考试。

（4）焊接材料。电焊条一般可分为酸性焊条和碱性焊条。酸性焊条不写分类号，碱性焊条的分类号为J。碱性焊条考试合格后，可免去酸性焊条的考试。

4.3.4.5　检查

A　优秀教案标准

教学是一种创造性劳动，写一份优秀教案是设计者教育思想、智慧、动机、经验、个性和教学艺术性的综合体现。教师在写教案时，应遵循以下原则：

（1）科学性。符合科学性，就是教师要认真贯彻课标精神，按教材内在规律，结合学生实际来确定教学目标、重点、难点。设计教学过程，避免出现知识性错误。那种远离课标，脱离教材完整性、系统性，随心所欲另搞一套的写教案的做法是绝对不允许的。一个好教案首先要依标合本，具有科学性。

（2）创新性。教材是死的，不能随意更改。但教法是活的，课怎么上全凭教师的智慧和才干。尽管备课时要去学习大量的参考材料，充分利用教学资源，听取名家的指点，吸取同行经验，但课总还要自己亲自去上，这就决定了教案要自己来写。教师备课也应该经历一个相似的过程。从课本内容变成胸中有案，再落到纸上，形成书面教案，继而到课堂实际讲授，关键在于教师要能"学百家，树一宗"。在自己钻研教材的基础上，广泛地涉猎多种教学参考资料，向有经验的老师请教，而不要照搬照抄，要汲取精华，去其糟粕，对别人的经验要经过一番思考、消化、吸收，独立思考，然后结合个人的教学体会，巧妙构思，精心安排，从而写出自己的教案。

（3）差异性。由于每位教师的知识、经验、特长、个性是千差万别的。而教学工作又是一项创造性的工作。因此写教案也就不能千篇一律，要发挥每一个老师的聪明才智和创造力，所以老师的教案要结合本地区的特点，因材施教。

（4）艺术性。教案的艺术性就是构思巧妙，能让学生在课堂上不仅能学到知识，而且得到艺术的欣赏和快乐的体验。教案要成为一篇独具特色的"课堂教学散文"或者是课本剧。所以，开头、经过、结尾要层层递进，扣人心弦，达到立体教学效果。教师的说、谈、问、讲等课堂语言要字斟句酌，该说的一个字不少说，不该说的一个字也不能说，要做到恰当的安排。

（5）可操作性。在写教案时，一定从实际出发，要充分考虑从实际需要出发，要考虑教案的可行性和可操作性。该简就简，该繁就繁，要简繁得当。

B　教案中应体现的内容

（1）课题。说明本课名称。

（2）教学目的。或称教学要求，或称教学目标，说明本课所要完成的教学任务。

（3）课型。说明属新授课，还是复习课。

（4）课时。说明属第几课时。

（5）教学重点。说明本课所必须解决的关键性问题。

（6）教学难点。说明本课的学习时易产生困难和障碍的知识传授与能力培养点。

（7）教学方法。要根据学生实际，注重引导自学，注重启发思维。

（8）教学过程。或称课堂结构，说明教学进行的内容、方法步骤。

（9）作业处理。说明如何布置书面或口头作业。

（10）板书设计。说明上课时准备写在黑板上的内容。

（11）教具。或称教具准备，说明辅助教学手段使用的工具。

（12）教学反思。教者对该堂课教后的感受及学生的收获、改进方法。

C　对教案的要求

尽管每个课程都有各自的特点，教学形式和手段也不尽相同，但在培训教学适应社会需求，培养高素质人才宗旨上是一致的，对教案的要求也是有共性的。这些共性原则上可以概括为以下几点：

（1）取材内容合理，切合课程宗旨，符合培养目标定位的要求，适应现实需要，讲述内容观点正确，有实际应用价值。

（2）能够理论联系实际，通过典型事例研究分析，揭示学科相关基本理论、基本方法的实质和价值及明确的应用方向。

（3）逻辑思路清晰，符合认识规律。在教知识的过程中渗透教认识问题的方法，通过互动式教学安排和过程，能够使学生举一反三，培养学生自主学习习惯和能力。

（4）不墨守成规，能继往开来，教案既是以往教学经验的总结，又是开拓知识新领域的钥匙，能够体现学科发展前沿的要求，具有一定的前瞻性，与时代发展相适应。

（5）教学方法有创新。不照本宣科，不满堂灌，给学生留有充分的余地，注重引导学生思考问题、研究问题、解决问题。遵循精讲多练的原则，讲要抓住本质、引人入胜，练要有的放矢，调动学生自己解决实际问题的积极性，让学生在教师启发引导下，通过自身的探索，不但知道相关学科领域核心知识"是什么"和"为什么"，还要知道"做什么"和"怎样做"，培养学生勇于实践勇于探索的精神和能力。

（6）教案不能面面俱到、大而全，而应该是在学科基本的知识框架基础上，对当前急需解决的问题进行研究、探索、阐述，能够体现教师对相关学科有价值的学术观点及研究心得。不是我会什么讲什么、我想讲什么讲什么，而是社会需要什么、学生将来走向社会需要什么就注重讲什么，就带领学生研究什么。

D　问题教案的缺点归纳

（1）内容相对比较贫乏，格式不够好。

（2）内容没有非常条理地进行整理，归类未必正确。

（3）课件版本可能相对比较旧，尤其是近几年教材在改革。

总之，教案是针对社会需求、学科特点及教育对象具有明确目的性、适应性、实用性的教学研究成果的重要形式，教案应是与时俱进的。

4.3.4.6　评价：

参照"工作页"执行。